DESIGN ON

FURNITURE
AND
FITTINGS

家具
与陈设设计

朱 丹 编著

中国电力出版社
CHINA ELECTRIC POWER PRESS

内容提要

　　家具与陈设设计是高等院校室内设计、环境艺术设计专业的一门专业必修课程。本书是作者多年教学、研究的总结，书中较为系统地介绍了家具与陈设设计的基本理论、中外家具发展流派、陈设的风格演变和现代家具设计最新研究成果等，通过对家具和陈设设计的构思方法、构造、材料、加工方式、造型原理、陈设选择与布置法则等方面的分析和介绍，探讨了如何设计家具和选配与布置陈设的方法。

　　本书重视教学方法及对学生创造性思维的培养，突出实用性与启发性，从理论与实践两方面进行讲解，反映了目前高校的教学规律。同时，每章节中均设置有课题设计，增强了教学互动性。本书适合作为各类大专院校家具设计、室内设计、环境艺术设计等相关专业的教材及教学参考用书，同时也适合作为家具设计爱好者的自学教程。

图书在版编目（CIP）数据

家具与陈设设计／朱丹编著．—北京：中国电力出版社，2019.2

　ISBN 978-7-5198-2612-3

　Ⅰ.①家… Ⅱ.①朱… Ⅲ.①家具－设计②室内布置－设计
Ⅳ.①TS664.01②J525.1

　中国版本图书馆CIP数据核字（2018）第256645号

出版发行：中国电力出版社
地　　址：北京市东城区北京站西街19号（邮政编码100005）
网　　址：http://www.cepp.sgcc.com.cn
责任编辑：王　倩
责任校对：王小鹏
责任印制：杨晓东

印　　刷：北京盛通印刷股份有限公司
版　　次：2019年2月第1版
印　　次：2019年2月北京第1次印刷
开　　本：889毫米×1194毫米　16开本
印　　张：9.25
字　　数：320千字
定　　价：59.80元

前言
PREFACE

家具是造物设计中的一个重要品类，是人类生活的必需品，同时它也是文明的产物，充分体现了人类社会的生活方式、风俗习惯、审美意识等各种因素。数千年来，人们根据自身的需要不断创造着种类繁多的新型家具。

《考工记》中云："知者创物，巧者述之"，指的是有智慧、有才能的人始创和发明了各种事物；而机敏的人将之记录并传承下去。家具设计作为人类的一种造物活动，发展了近万年，其间一直处于不断地演变之中。在新的世纪中，随着学科交叉与融合、科技的日新月异，人们对家具设计的认知方式及相应的设计方法都相应地发生了改变，从而极大地拓展了其内涵与外延。本书作为家具发展长河中某一时段的记录，"回眸"与"展望"同样重要。书中内容不仅涉及家具与人文、材料、结构、室内环境等多个传统领域相关联的知识，同时还适当拓展了与建筑学、景观学、数控技术等新的跨学科领域的论述，希望这种改变能够帮助读者拓展视野，促使我们重新思考家具设计该如何与各相关学科之间加强合作与交流，探索如何设计出适应时代需要、更具可持续性的作品。

教学程序和由此产生的创造性思维是本书的立足的基石，也是在对理论和教学实践两方面深入研究的一个成果，这个研究建立了一个家具设计教学的基本框架，其中贯穿了各知识点和课题的研究，并通过学生合作而完成。我一直认为家具设计教育应区别于家具设计实践，它应该能反映教学规律与课程的方法论的指导，而目前大多数家具设计的教材编写显示出重原理、轻方法，重程式、轻创意的状况。本书作为本科学生的专业教材，完善了学术理论的研究，重视激发学生创造性思维，从而使学生能处于一个较高的立足点来认识家具设计。

本书的结构由三部分构成——理论、课题设计、作品分析。实践证明，这种框架结构是符合教学规律且是行之有效的。理论是课程和练习的基石，而练习部分包括课题内容、要求和方法，也包括部分学生作业的插图和作者的简短评论。本书中收集了大量的插图，它们有效地对课程内容进行补充说明。

我自认算不上"巧者"，但尚能算一个"勤"者，尽吾所能地记录下与这个时代同步的家具与陈设发展的状况及个人的一些思考。囿于个人能力与时代所限，书中定然存有些许谬误及目光短浅之处，尚有待读者不吝赐教。

书中收录的作品由东南大学建筑学院环境艺术设计专业、建筑专业和景观专业的部分同学提供，在此谨表感谢。

2018年9月2日于南京

目 录
CONTENTS

绪　论

本章简介： 本章节简要介绍家具及家具设计的含义、家具的分类，以及与家具设计相关的基本观点，使学生能够初步了解家具设计的相关内容。

教学目标： 1. 学生可以了解家具设计的范围和内容；
2. 学生能够持有正确的设计观点。

一、家具的含义及分类

家具英文为furniture，从字面上看，是家用器具之意。从起源角度上看，家具一词有两个出处，一种出自法文fourniture，指设备；另一种源于拉丁文mobilis，指移动的意义。综合上述各种解释，我们可以得到一个相对较为完整的概念，即家具是可搬移的家用器具。但是随着时代的发展，现代家具的概念已有了进一步的发展和延伸，家具并不一定局限于家中使用，也可用于公共场所或户外；家具也不一定可以移动，也有一些嵌入或固定于墙面上的家具。因此要对家具下一个准确而严格的定义是比较困难的，至今尚无十分确切的概念。目前，我们通常所指的广义上的家具是指维持人们日常生活和实践的必需品，是第二自然中人类生存的状态和方式；狭义的家具则是指在生活活动范围内满足人们坐、卧、倚靠、储存和展示用品等行为需求的器具和设备。本书所论及的家具可以通过下文"家具的分类"来涵盖它的大致范围。

家具可以从使用功能、使用场所、制作材料、组成形式、放置形式、艺术风格等几个角度来分类。

1. 按使用功能分类

即按照家具与人体的关系和使用特点进行分类。

（1）坐卧类家具——满足人们坐、卧、躺等行为要求，支撑整个人体的家具，如椅、凳、沙发、床等。

（2）凭倚类家具——人体倚靠着进行操作的家具，如书桌、餐桌、几案、讲台等。

（3）储存类家具——存放物品用的家具，如书架、衣橱等。

（4）其他类家具——如屏风、衣帽架等。

2. 按使用场所分类

现代家具的使用范围已经有了极大的拓展，它们已经从传统意义上的"家居"环境中延展开来，被广泛地用于公共场所甚至是户外，这里我们可以根据家具的使用场所对它们进行分类。

（1）民用家具——在家庭中使用的家具，又可细分为客厅家具、卧室家具、书房家具、厨房家具等。

（2）特种家具——在特定的环境中使用的家具。如商店家具、剧院家具、医院家具、办公室家具、交通工具用家具等。

（3）户外家具——在花园、公园、广场等户外环境中使用的家具（图1）。

3. 按制作材料分类

不同的材料有不同的性能，家具可以用单一的材料制成，也可以用多种材料综合制造，这里按构成该家具的主要材料来分类。

（1）木质家具——主要由实木、各种人造复合板所构成的家具。

（2）金属家具——主要由各种金属材料构成的家具。

（3）竹、藤家具——使用竹、藤类天然材料制成的家具。

（4）塑料家具——使用玻璃纤维或发泡塑料注塑成型的家具。塑料家具常使用金属做骨架，成为钢塑家具。

（5）玻璃家具——以玻璃作为主要材质的家具。

（6）石家具——以大理石等天然石材或各种人造石材为主要构件的家具。

（7）布艺家具——构成家具的主体部分为帆布、棉布、海绵等布类材料制成的家具。

4. 按家具的组成形式分类

（1）单体家具——在组合配套家具出现以前，家具往往是作为一个独立的工艺品来设计的，它们之间很少有必然的联系，用户可以按照不同的需要和爱好单独选购。这种单独生产的家具不利于大批量的工业化生产，各家具之间在形式与尺度上也不统一（图2）。

（2）配套家具——因生活的需要或环境的特殊要求而自然形成的、相互密切联系的系列家具称为配套家具，如卧室中的床、床头柜、衣橱；办公室中的办公桌、办公椅等。它们在材料、风格、颜色、款式方面一般互相配合，以产生统一的视觉效果（图3）。

图1 公共座椅，属户外家具。一般应采用抗击、韧性、防酸、防腐、抗紫外线辐射的材料制作，以抵御户外严酷的环境
图2 单体家具
图3 配套家具

图1

图2

图3

图4 组合家具

（3）组合家具——组合家具是将家具分解为几个基本单元，这些基本单元可以拼接成不同的形式，甚至结合不同的使用功能。组合家具有利于标准化和系列化。在此基础上，又产生了以零部件为单元的拼装式组合家具，消费者可以买回配套的零部件，按自己的需要自由拼装（图4）。

5. 按放置形式分类

（1）自由式家具——可以任意搬移位置的家具。

（2）嵌固式家具——固定或嵌入建筑物或交通工具内的家具（图5）。

（3）悬挂式家具——悬挂于屋顶或墙壁上的家具（图6）。

二、家具设计的任务与意义

家具设计就是对家具进行预先的构思、计划和设想，再通过图像、模型、实物等形式将这种设想与构思表现出来的完整过程。

家具设计的任务在于：通过对"家具"这一与人们生活密切相关的物质载体的设计，为人们创造出安全、舒适、便利的物质生活条件，并在此基础上满足人们日益增长的精神需求。

家具设计的意义：设计家具就是设计一种生活方式。据有关资料统计，多数社会成员在家具上度过的时间约占全天时间的2/3，由此可见家具与人们日常生活具有极为密切的关系。一旦人们的生活方式发生变化时，与之相应的家具形式也必然改变；反之，新的家具形式被设计开发出来以后，也会导致相应的生活方式及生活质量的改变。

图5 嵌固式家具

三、家具设计的基本观点

1. 家具设计的功能观

在环境设计中，一旦空间得以确定，家具和陈设就是设计的主要对象。它们的布置与风格对整个空间的分割，以及人的活动及心理上的影响是巨大的。它是环境功能的主要构成因素和体现者。家具的功能可以做如下分类。

（1）实用功能

家具的实用功能是家具设计的基本要求，所有家具都必须满足人们某一方面的特定用途，如：椅子用于坐，橱柜用于储藏，屏风用来隔断空间或装饰等。没有使用价值的家具，外表再美观也是没有意义的。

家具的实用功能包括：

1）满足人们的日常生活需求。

2）分割与充实空间。

3）组成或划分不同的功能区域。

（2）精神功能

人们在使用家具时不可避免地去审视、触摸、品评家具，因而我们必须考

图6 悬挂式家具

虑家具在造型、色彩等艺术效果方面通过人的感观使人产生的系列心理及生理反应。

家具的精神功能包括：

1）构成环境气氛、意境的要素。

2）反映使用者的审美情趣。

3）时尚与传统信息的传递。

2. 家具设计的审美观

什么样的家具才是美的家具？设计师对此持有的不同观点将会直接影响到他们所设计的家具。当然，不同的时代背景下，人们的审美观念也有不同。在今天这个时代，家具设计的美应综合体现在以下几个方面——功能之美、科技之美及形式之美。

（1）功能之美

家具并不是一件纯粹的艺术品，它是具有一定实用价值的产品。家具能满足人们生活的某种需要，合乎人的目的性，使人感到满足的愉悦，进而体验到一种美，即功能之美。在整个家具的设计与生产中，美与功能是联系在一起的，是家具设计中一种本质性的存在。

家具的功能之美以物质材料经工艺技术加工而获得功能结构的价值为前提，以与之相适应的感性形式的统合而确立。家具功能美的因素应包括技术功能（主要指产品物理、化学方面的技术要求）、经济功能（指家具的成本与效能）和人的相关功能（家具使用的目的性、舒适性、安全性等）。以上几点，一方面与制作家具材料本身的特性相联系；另一方面标志着家具感性形式本身符合美的形式规律。

人们对于功能美的认识有一个不断深化的过程，在18世纪以来的近代美学思潮中，美曾是一个与功能毫无关系的纯粹性的东西。而19世纪末，尤其是进入20世纪，在机械化生产的前提下，美又变成了一个完全由实用价值为主导的东西。随着设计实践的发展，人们对于功能美的认识逐渐扩展开来，提出合目的性美的问题，即凡是符合人的某一目的的事物都是美的。这样一来，功能美并不排斥装饰之美，因为附加的装饰也能引起人们的美感。

（2）科技之美

家具设计是科学技术与艺术结合的产物。现代科学技术正处于飞速发展之中，它不仅改变了生产本身，也改变了人的存在方式，改变了人的审美意识，并使人们重新认识和发现包含在

图7 高技派风格的家具充分展示了现代科技之美，建立与高科技相应的设计美学观。此类家具多喜爱使用最新的科技材料，将金属的质感表现得淋漓尽致，展现出一种"机械美""精确美"

图8 现代椅子设计，在保证功能基础上力求达到审美的新高度，这是设计师不断追求的目标

图7 ｜ 图8

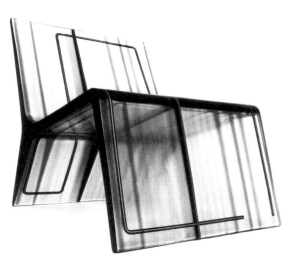

技术之中的美。这是一种独具价值的美（图7）。

　　技术在家具设计中是作为过程和手段而存在的。它存在的具体化只有在对象物上才能得到反映。具体而言，就是必须通过家具设计制造过程中对材料的运用、加工技术等方面表现出来（图8）。

　　由机器生产的家具大多是几何形态的。这些规律性强、富有秩序感的机械形式表现出一种技术的美，家具的造型简洁统一、风格一致、轻快、无不必要的装饰物。其材料、结构、功能、形式合体而和谐。这就是家具所展示出来的工业技术之美。

　　家具的技术美并不排斥手工技术之美。与机械技术所展现出的冷峻、理性的美相比，手工技术之美则表现在柔和及人性上，具有很强的个人风格特征（图9）。

（3）形式之美

　　家具的形式之美是指家具的外在形态产生的艺术效果对人的感官产生的影响。形式美相较于功能美虽然次序在后，但却对整个家具的审美产生举足轻重的作用。家具的外观设计符合相关美学法则，给人以精神上的愉悦和享受，这也可被视为一种"功能"。对于现代家具设计，在保证功能的基础上，力求形式上达到审美的新高度，这是设计师不断追求的目标（图10）。

　　形式美并不是空中楼阁，它必须根植于由功能、材料、文化所带来的自然属性之中，形式美还有永恒的美和流行的美的区别。家具设计师应致力于追求永恒的美，但从商业角度来看待形式的流行之美同样具有现实意义。

图9 技术美并不排斥手工技术之美。与机械美相比，手工技术制作的家具更具有人情味，贯穿着人的精神，保留着经验、感性的特征

图10 "GO"座椅由美国设计师Bernhardt设计，该座椅以流线型造型被定义为20世纪新的审美标准，被《TIME》杂志评为2001年最优美的设计之一

图9 ｜ 图10

第1章

家具风格的流变

本章简介： 本章主要从国内与国外两条线索来介绍家具设计风格的变化，帮助学生了解家具发展的历程、家具的风格及流派。这一部分将重点介绍中国的明清家具和国外20世纪经典的现代家具。

教学目标： 1. 学生可以初步掌握与了解家具发展的历程，探寻家具发展的轨迹；
2. 学生能吸收与借鉴优秀设计作品中的精华，从中获得启发与设计灵感；
3. 帮助学生理解生活方式的改变对家具设计的影响；理解现代艺术对家具设计的影响。

1.1 中国传统家具

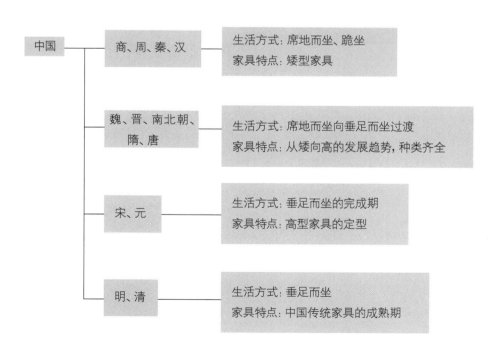

图1-1 古人席地而坐的三种方式：跪坐、跏趺坐（盘腿而坐的一种佛教徒的坐法）、箕踞坐（随意伸开两腿的不拘礼节的坐法）

图1-2 九店楚墓竹席编织纹样

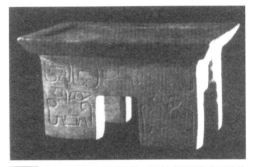

图1-3 商朝的石俎。俎是祭祀时切割或陈列牲畜用的礼器，可以看成是后世桌案类家具的起源

图1-4 商朝青铜禁。禁产生于西周早期，是祭祀时放酒樽的礼器

图1-5 春秋战国时期的嵌玉几

图1-4 │ 图1-5

中国传统家具的发展与世界其他国家相比具有其独特的演变过程，它反映了家具设计随人类生活方式的改变而改变。中国传统家具在经历了早期由跪坐而形成的矮型家具的发展时期后，至宋代逐渐进入垂足而坐的高型家具的定型期，又经历了几百年的不断完善，在明、清两代终于达到了我国传统家具艺术与技术的发展高峰。

1.1.1 商、周、战国、秦汉时期的矮型家具

1. 商、周时期的家具

中国的传统家具可以追溯至距今3000多年前的商朝。当时已经出现了房舍，由于建筑低矮，室内空间狭小，人们在室内就地铺席并跪坐在席上（图1-1）。席是指供人们坐卧铺垫的编织用具，它可以被认为是我国最早的家具之一（图1-2）。在周朝，无论是贵族还是平民，在招待宾客时都要布席，而且席与筵经常同时使用，为了有所区别，人们把铺在下面的大席称为筵，放在筵上的称为席。在筵席上同时还设有俎、禁、几、案、扆、椸等家具。其中俎与禁属于祭祀用具，俎是一种切肉用的案桌（图1-3），禁是放置祭祀酒器和供品的桌子（图1-4），扆是指屏风，椸是指挂衣服的杆架。与跪坐的生活习惯相适应，这些家具高度都很矮，便于人们席地而坐时使用。家具多由青铜制成，在表面饰有饕餮纹（古代传说中的一种凶猛的怪兽）、云雷纹、龙凤纹等。

2. 春秋、战国时期的家具

从原始社会沿袭而来的席地而坐的生活习惯在春秋战国时期依然保留着，这一时期家具品种虽不丰富，但是以后出现的坐卧类家具、支撑类家具、储藏类家具、陈设类家具在这时都已初具规模。

春秋、战国时期青铜冶炼技术得到进一步的提高，除青铜家具外还兴起了漆艺家具。当时百业俱兴，出现了以鲁班为首的建筑匠师，他们设计并创造了新时期的家具，此时的家具已经出现了榫卯结构，如燕尾榫、凹凸榫等。家具的种类包括俎、案、几、床、衣箱等，它们表面用黑、红色等漆作为装饰，反映了当时木工和漆艺的技术水平。

几是古代人们坐时凭倚的家具（图1-5），几的使用既象征着等级尊卑又表示对老人的尊重。一般几分为玉几、雕几、彤几、漆几和素几这五种，玉几是天子专用之物，雕几以下为诸侯及卿大夫所用。

图1-6 胡床。胡床来自西北游牧民族，是便携式坐具

图1-7 北魏时期的敦煌壁画中胡床的形象

图1-8 北魏龙门石窟中的墩，后人将此形式的坐具称为筌蹄

案是人们读书与进食时使用的家具，它萌芽于商周时期，到了春秋战国时期，人们用案的生活习惯已趋于流行。案的制作材料包括陶、木、铜等，面板有正方形、长方形、圆形等多种形式，木案的局部开始有铜扣件做装饰，在制作工艺上比以前有了很大的进步。

3. 秦汉时期的家具

秦汉时期的家具是我国低矮家具的代表。这一时期的家具种类非常齐全，不但继承了春秋、战国以来的家具样式，而且还创造了许多新的品种，如专用坐具——榻。从汉代的画像艺术中可以看到当时人们的生活习俗仍是席地而坐，但床、榻得到广泛的应用，逐渐地，以床榻为中心的生活方式取代了先秦以席为中心的生活方式，床不仅用于睡眠还常用于日常起居与接见客人，这使得床成为当时主要的家具，较小的床被称为榻，在床与榻上流行使用"小几"，床后设置屏风。秦汉时期的家具以绳纹、波纹、三角纹、菱形纹、卷草纹、莲花纹、龙凤纹等为主要的装饰纹样。

在东汉末年，一种可以折叠的轻便坐具传入中国，这种坐具被称为"胡床"（类似于今天的马扎）（图1-6）。胡床由两木相交，中间可以穿绳子，可张可合，使用非常方便。胡床流行于宫廷与贵族之间，使用上只局限于打猎和战争，并未得到广泛使用，然而它的使用预示着垂足而坐的起居方式的到来。

1.1.2 魏、晋、隋、唐、五代时期的过渡型家具

1. 魏、晋南北朝时期的家具

这一时期是我国历史上汉族与西北少数民族大融合的时期，也是佛教充分发展的时期。虽然人们席地而坐的生活习惯尚未改变，但是由少数民族传入了多种高型家具，同时天竺佛国的大量高形家具也随之进入汉地，如椅子、方凳、筌蹄（用藤竹编制成的细腰圆凳）、墩等（图1-7）。

椅子的称谓最早始于唐代，但是在南北朝时期已经出现了椅子的形象。敦煌莫高窟258窟的西魏壁画中的僧人盘坐在一把两旁有扶手、后有靠背的椅子上。它与秦汉时期的坐具有明显的不同，后腿上部设有搭脑、扶手，椅子的座面是用绳子编织的网状座，扶手的构造与后世的椅子十分相像。与佛座类似的束腰座墩的样子类似于中国的古老捕鱼工具——筌蹄，故此得名（图1-8）。

这一时期，床的高度已经增加，上有床顶并设置床帐，床的四周有可以拆卸的矮屏，床上使用供人倚靠的"几"。东晋画家顾恺之的《女史箴图》中描绘有围屏架子床的形象。这种床的足座已比较高，是典型的"壸门托泥式"，即床足间做出壸门洞，下有托泥，床上设屏，此床的床帐与床体合二为一，是架子床的最早实例（图1-9）。此时，床兼有坐、卧双重功能，但坐榻的习惯也很盛行，如图1-10中顾恺之所绘《洛神赋图》中的独坐榻。床榻之上，除设有凭几依靠外，通常还备有"隐囊"（图1-11）。

2. 隋、唐时期的家具

隋唐时期，人们的起居习惯还很不一致，席地而坐、在床榻上伸足而坐、侧身斜坐、盘足而坐、垂足而坐同时存在，但总体趋势是垂足而坐的习惯开始由

上层社会向普通大众普及。垂足而坐使得与之相适应的高型桌椅流行起来。当时的高型家具有桌、案、长凳、宽大的床等，此外还出现了圈椅、扶手椅等，家具种类齐全并出现配套组合的现象。唐代的家具造型和装饰风格体现出盛唐时代气势宏伟、富丽堂皇的风格特征，从而使得唐代家具摆脱了商周、汉、六朝以来的古拙特色，取而代之的是华丽、浑圆、丰满、端庄的艺术风格。

月牙凳（又称腰凳）是唐代家具师的伟大创作，它的座面呈月牙形，三足或四足，足部向外鼓，座面下边缘与足腿雕刻有精美的花纹，有的甚至包金贴银，是唐代富丽华贵的国风的代表。

唐代的椅子也有了进一步的变化与发展，在唐画《挥扇仕女图》中出现了圈椅的样式。圈椅的特征是搭脑演变成圈式，搭脑到扶手是一条流畅的曲线，浑然一体，这也是唐代的新型家具。

唐后的五代仍是高型家具与矮型家具并存的过渡时期，但高型家具已占主导地位，如从顾闳中的《韩熙载夜宴图》中（图1-12~图1-14），我们可以看见可坐5、6人的凹形床，各种家具种类达数十种之多，画中桌椅的高度与人体垂足而坐相适应。当时的家具式样由唐代的厚重变为简洁、朴素大方，结构上采用中国建筑结构的抬梁木结构的方式，纹样除莲花纹外还有火焰纹、流苏纹等，构图饱满，风格统一。

图1-9、图1-10 东晋画家顾恺之所绘《女史箴图》（左图）中的架子床；《洛神赋图》（右图）中的独坐榻

图1-11《竹林七贤图卷》中的隐囊。这是一种软靠垫，形体像球囊，内填丝棉、麻等物质，始于汉代，在魏晋以后逐渐流行

图1-12~图1-14 顾闳中的《韩熙载夜宴图》中展示了五代时期的靠背椅、条凳、屏风、床、榻等多种家具的搭配

图1-9	图1-10
图1-11	图1-12
图1-13	图1-14

图1-15 宋代《听琴图》中的琴桌和
束腰无托泥的高几

图1-16 槐木展腿香几，宋元风格
的家具，一般用于放在神像前和书房
内，用来摆放香炉

图1-17 黄松剑腿云纹桌，元代作
品。剑腿的设计源于书法艺术，轮廓
挺拔中有隽秀的灵气

图1-15 ｜ 图1-16 ｜ 图1-17

1.1.3 宋元时期的高型家具的定型期

1. 宋代的家具

这一时期是我国传统家具框架结构体系完善和定型的时期，史称后期家具的定型期。宋代，人们已经形成以桌椅为生活起居中心的习惯，垂足而坐的生活方式终于取代了商、周以来跪坐的习惯，因此家具尺度相应地增加了，并出现了新的品种，如圆形和方形的高几、琴桌等（图1-15、图1-16）。

以桌子为中心的生活方式的盛行，使得桌子在北宋时期成为非常流行的家具，在人们生活中扮演着不可或缺的角色。其制作方法极为丰富，常常运用多种装饰和结构，如马蹄足、云头足、螺钿装饰、束腰、牙角、横杖及各类线角。

椅子在两宋时期使用更为普遍。宋朝的椅子种类已经趋于齐全，除了沿用前朝样式外，还创造出圈背交椅。

高几是宋代新型的家具，形式上有托泥和无托泥之分及有束腰与无束腰的区别，尺寸高于桌子，主要用于陈设物品。

这个时期的家具在造型与结构方面出现了一些突出的变化。首先，梁柱式的框架结构取代了隋唐时期的箱形壶门结构，使得家具受力体系更为合理。其次，大量运用装饰性的线脚，桌面下开始使用束腰。桌椅四足的断面除了方形与圆形外还出现马蹄形等外翻或里勾的形式。

宋代的家具风格呈现出极其简约和素雅的特点，多数家具以直线部件交接而成，各部件之间尺度严谨、比例优美，从而体现了宋人理性、节俭的审美态度，这与他们尊崇自然、倡导秩序的哲学观点密不可分。冷静的宋代人在家具设计的过程中追求秩序与法度，欣赏工整而规范的美，形成简约、工整、文雅、清秀的主体风格。

2. 元代的家具

元朝是由蒙古族建立的一个王朝。蒙古贵族的繁复、华美的审美观影响到当时的家具设计，并对宋代的家具风格产生了巨大的冲击，元代家具喜用曲线造型，体量巨大，整体呈现浑圆曲折的外观和豪迈雄健的气势。在装饰手法上采用雕刻技术，将厚料雕成动物与花卉的浮雕，产生一种力度美（图1-17）。南宋期间，文人雅士黄伯思绘制了中国第一部组合家具设计图《燕几图》，但未产生很大的影响。

1.1.4 明清时期的中国传统家具的鼎盛期

1. 明代家具

（1）明式家具的概念。中国历史上，明代是家具设计史上最为辉煌的一个时期，这一时期设计的家具具有非常高的审美价值，也极富文化特色，被专称为"明式家具"。"明式家具"作为一个专业名称主要指那种硬木制作、风格简洁、设计精巧、制作精致的明代和清初的家具。根据制作地点的不同可分为"苏作"（由苏州制作）、"广作"（广州制作）、"京作"（北京制作）等不同的风格。

（2）明式家具成熟的原因。明式家具之所以能取得极高的成就有其特定的社会与历史背景。明朝在农业、手工业不断发展的基础上，商业和城市经济也繁荣起来，开始出现了资本主义的萌芽。建筑业也得到了很大的发展与提高，为家具设计提供了很好的基础，此时的统治阶层也将家具作为室内设计的重要部分，从而来显示自己的品位。而郑和七下西洋带回的优质木材，如花梨木、紫檀等，为家具制作提供了物质准备。

（3）明式家具的种类。明式家具品种齐全，主要有以下几种：

凳椅类——兀凳、方凳、条凳、官帽椅、灯挂椅、扶手椅、圈椅等（图1-18）；

几案类——平头案、翘头案、书案、琴桌、供桌、方几、茶几、香几等（图1-19）；

橱柜类——书柜（图1-25）、门户柜、矮橱、四件柜等（图1-21）；

床榻类——架子床、罗汉榻等（图1-20）；

其他——面盆架、灯架、镜架、屏风等。

（4）明式家具的成就。第一，功能合理。明式家具的尺度符合人体工程学的尺度，一些关键部位的尺寸是经过仔细的推敲而形成的。如圈椅的扶手部分的曲度与人手自然搭垂的形态极为吻合；靠背的曲线与人体背部曲线相符；椅面采用藤或棕作为材料，使其具有一定的弹性，从而久坐不感疲倦（图1-22）。

第二，比例良好、装饰适度。明式家具非常注重整体的、局部的或整体与局部之间的比例关系，这些比例关系多数都符合美学法则。如经测绘，上述的圈椅扶手部分的大圆半径与弯头半径比例正好为2：1；椅面的矩形正好符合黄金分割比；从正面看，椅腿向外倾斜，下端宽度与椅面宽度正好相等；坐面中心点与椅腿两

图1-18
图1-19　图1-20

图1-18 玫瑰椅，明代作品。玫瑰椅的靠背低矮，垂直于桌面，多为圆足，适用于写作而不适合休憩

图1-19 琴桌，明代作品。琴桌是抚琴时的专用承具。明式琴桌的基本样式继承古制，底板一般有夹层，以形成共鸣箱

图1-20 罗汉床，明代作品

端相连时恰好为等边三角形。整个椅子上只在靠背处有一雕花，起到点睛的作用。

第三，选材科学。明式家具选料讲究，用材合理，充分利用材料本身的色彩与纹理的自然美。明代家具用材有硬木和柴木两种，硬木包括花梨木、紫檀木、鸡翅木、红木等；柴木包括楠木、榉木、樟木等。花梨木是一种阔叶的高干乔木，这种木料色泽鲜润、纹理清晰，质地坚实却不过重。紫檀是世界上最贵的木料品种之一，质坚而密，颜色深沉，黑里透红，其表面经过打磨抛光后具有绸缎般的质感与光泽，具有沉稳厚重之美。上述这些木料强度高，可制作成较小的断面，从而可以制作精密的榫卯和进行细致的雕刻（图1-24）。

第四，结构精良、加工细致。明式家具沿用中国古代木构架的梁柱结构，多用圆腿作支撑，相当于木结构建筑中的立柱。四腿略向外伸，立腿之间的横撑起加固作用。这种结构稳定、实用，符合力学原理，是对建筑力学的一种借鉴。明式家具的加工技术也极为细致，所有部件的连接都不外露；以小面积的精致浮雕或镂雕作为装饰，刀法圆润、层次分明；制作好的家具进行精工打磨，仅披灰抹漆就达七铺十四道工序之多，反复进行磨、披、揩的操作，可以说，明式家具的每一个加工步骤都是精打细磨的。

（5）明式家具的品评。明式家具经过几百年的流传后，大都仍具有实用价值，不过由于其独有的艺术价值和历史价值，如今这些家具更可作为一种艺术陈设和欣赏的对象。

王世襄先生在《明式家具的"品"与"病"》一文中分析了明式家具在造型上的优劣。他将明式家具的精妙之处归结为十六个方面，即：简练、淳朴、厚拙、凝重、雄伟、圆浑、沉穆、浓华、文绮、妍秀、劲挺、柔婉、空灵、玲珑、典雅、清新这十六"品"。每一品都有一件具体的家具实物做对应。如第一品"简练"，对照为紫檀独板围子床。此床用三块光素的独板做围子，结构和装饰都十分严谨和简练。每一结构都有很明确的功能性，无余饰，真正做到简练而不简单。又如，第四品为"凝重"，以紫檀牡丹纹扶手椅为例，这种椅子又称"南官帽椅"，因其造型类似官帽而得名。此椅气度凝重和它的尺寸、用材、花纹、脚线等都有关系。但主要因素还在于其舒展的间架结构，稳妥的空间布局

图1-21 架格，明代作品。架格的基本类型是以四根立木为四足，用横板将空间分成若干层

图1-22 圈椅和四开光坐墩，明代作品

图1-23 鸡翅官帽椅，明代作品。因靠背类似官帽而得名，也可以称为扶手椅。明代的椅子根据靠背和扶手是否出头分为"四出头""二出头""无头"。特点是造型简洁，线条流畅，讲究优美和清秀的感觉。官帽椅一般不用装饰，受到文人的喜爱

图1-24 黄花梨木交椅，明代作品（交椅的雏形为汉代传入的"胡床"，为皇帝打猎时使用，又称"猎椅"或"行椅"，存世较少，身份特殊）

图1-21
图1-22
　　　图1-23　图1-24

图1-25 图1-26
图1-27

图1-25 书架，明代作品。榆木制成，是典型文人家具，通体无装饰，比例优美，十分简约，反映当时文人注重内涵上的精神追求，给人带来平和感

图1-26 紫檀太师椅，清风格作品

图1-27 描金闷户橱，清风格作品

（图1-23）。再如第十二品"柔婉"，以黄花梨四出头扶手椅为代表。此椅构件较细，弯曲弧度大，整体展现出曲线的优美，使坚硬的黄花梨木似乎具有了弹性和柔韧感。

2. 清代家具

清代家具从结构与造型上基本沿用了明代家具的传统，但是由于统治阶层互相攀比、争奇夸富，促使了清朝乾隆以后的家具形体夸大、比例失调、造型日趋复杂、繁琐，追求庄严、雄伟、富丽、豪华的风气。其特点主要表现为：造型厚重，讲究富丽豪华的气势。以太师椅为例（图1-26），太师椅是清朝出现的新式坐具，其装饰性大于实用性，椅子的尺寸更大，用料更粗，家具的腿部略弯，有一触即发的气势。在装饰方面，清代家具更讲究装饰，常利用玉石、陶瓷、珐琅、贝壳等做成镶嵌装饰，如果说明式家具注重于整体的造型美，那么清代家具更注重局部的装饰。特别是晚清时期的家具，由于过多追求装饰，流露出一种品位不高的风格，满饰雕刻，貌似富丽堂皇，但仔细审视，反而使人感到面对的不是家具（图1-27）。

虽然我国家具在古代有着辉煌的历史，但是清朝末年，随着外国殖民者的入侵，民族工业遭到压抑，家具的形式与品种多为舶来品，民族家具业已近崩溃。

1.2 西方20世纪的现代家具

20世纪是人类家具史上最为辉煌的一个世纪，它所取得的成就超过了人类以往全部家具发展的

图1-28 No.14弯曲木椅。托奈特，No.14弯曲木椅是世界上自工业化批量生产以来最为成功的产品之一，到1930年为止就已经创下5000万的销售纪录

总和。其中最为突出的特点就是设计与艺术思潮的相互融合，这使得家具设计更具文化性和艺术性。"风格派""极少主义""POP艺术""后现代主义"等艺术思想都先后对家具设计产生重要的影响，使家具设计变得更加丰富多彩。这里仅介绍在20世纪家具设计史中占有举足轻重地位的设计大师和他们的作品，代表了家具设计中的主流。根据时间的顺序可以划分为四个阶段分别介绍。

1.2.1 现代家具设计的开路先锋——托奈特

19世纪末的英国工业革命，由于新材料、新技术的出现，设计在变革与混乱中以惊人的速度向前发展。这一时期，设计界出现了两种对立的思想，一方面，一些人反感机器生产，希望能回到手工制作的传统方式，如威廉英里斯倡导的"手工艺运动"；另一方面，一些人向往工业技术，力求摆脱传统家具的不适应性，主张用新技术生产新的产品，代表人物就是托奈特（1796—1871，奥地利）。托奈特以实干精神发明了蒸汽压模成型技术，并在1836年利用此项技术制作成第一把椅子。1842年他的弯曲层压模板的新工艺获得专利。

托奈特设计的最为出名的椅子是No.14弯曲木椅（图1-28），这是世界上第一个产量超过百万件的家具，采用了蒸汽弯曲层压板的技术，用料省，价格低，从而满足大批量生产的需要。这种椅子的另一个优点就是构件易于拆装，使运输空间变小，因而便于运输。

1.2.2 第一阶段（20世纪二三十年代）现代家具设计的经典大师

第一代现代家具设计的大师出现于两次世界大战之间的二十年。一战后的欧洲整个社会风气与生活模式都发生了很大的变化，大家庭越来越少。此外，传统家具所需要的材料——木料的供应量也减少了，因此以往那种体量厚重、充满装饰的家具显得不再适用，人们需要体量较小、易于搬动、节约材料，并且最好是多功能的新式家具。在这种背景下，思想超前、对社会需求敏感的第一代家具设计大师出现了。他们共有五位，其中里特维德的家具设计在设计手法与设计观念上对现代家具设计起着启发性的作用，布鲁尔、密斯、柯布西耶的设计考虑了工业化的生产与新材料的运用，而阿尔托的作品则以人情味取胜。

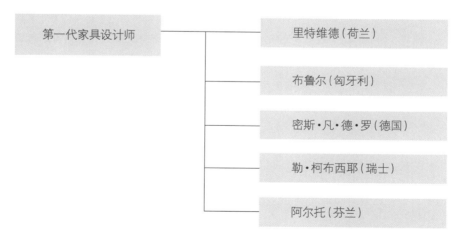

1. **里特维德** Gerrit Thomas Rietveld（1888—1964），荷兰

里特维德设计出许多"革命性"的家具作品，从而在家具设计史中占据重要的位置。里特维德是家具设计史上第一件现代家具"红蓝椅"的设计者，此后，他还相继设计出柏林椅、Z形椅等一系列划时代的作品。这些作品对后世众多的设计师们产生深远而持久的影响，所以从某种意义上来讲，里特维德是一位设计导师。

红蓝椅是里特维德设计的一件里程碑式的作品（图1-29）。它设计于1917年，深受当时的艺术运动"风格派"的影响。荷兰"风格派"的特点是图形抽象，认为只有用几何形象的组合和构图才能表现宇宙间根本的和谐法则，因此对抽象与和谐的追求成为"风格派"的最终目标。受"风格派"代表人物蒙德里安的绘画作品"红、黄、蓝"的影响，里特维德设计出"红蓝椅"，这件作品几乎是绘画作品"红、黄、蓝"的立体诠释。"红蓝椅"以机制木条和层压板组成，构件之间用螺钉紧固，而不采用传统的榫结构，椅子的色彩及色彩之间的比例关系与绘画作品"红、黄、蓝"接近，显示了两者之间的内在联系。该作品的革命性在于：以最简洁的形式与色彩打破了人们对椅子的固有概念；如同雕塑般的外形使日用品与现代艺术之间建立起内在的联系；简单的结构与标准化的部件是批量生产的语义之一。上述这些特点有别于旧有的家具样式特点，使该作品成为现代主义设计的形式宣言。

柏林椅设计于1923年，是为柏林博览会的荷兰馆设计制作的，它由横竖相向的大小不同的八块木板不对称地拼合而成，可以说是对历史上所有椅子设计的彻底反叛（图1-30）。

Z形椅是里特维德的又一惊人之作。设计于1932—1934年的Z形椅在家具的空间组织上采用了"斜线"的因素。该作品扫除了使用者双腿活动范围内的任何障碍，显得十分简洁。Z形椅开拓了现代家具设计的一个新方向，此后的设计师在此设计理念的基础上进行了不断的创新（图1-31）。

2. 布鲁尔 Marcel Lajos Breuer（1902—1981），匈牙利

布鲁尔是著名的现代设计学院——包豪斯的成员，1925年，年仅23岁的布鲁尔就设计出家喻户晓的瓦西里椅。在学生时代，布鲁尔所设计的扶手椅明显受到里特维德家具的影响，多使用胶合板设计制作他最初的家具（图1-35），但同时他对里特维德的设计进一步发展以求更完善的功能：如有弹性的框架、曲线形的坐面及靠背，以及选择适当的面料等。

布鲁尔的成名作——瓦西里椅的设计灵感来自于自行车的把手，首创钢管家具的先例。因该作品是为康定斯基·瓦西里的住宅而设计的，故起名为"瓦西里椅"（图1-32）。椅子的构架为镀镍钢管，座面采用绷紧的织物。其方块的外形受"立体派"影响，交叉的平面构图受"风格派"的影响。所用的材料可以标准化生产，所以可以拆卸互换。与"瓦西里椅"同时设计出的"拉西奥茶几"是另一件重要的作品（图1-33），也是历史上最为简洁的家具之一。为了缓解钢管给人们带来的冷漠感，布鲁尔在他的钢管家具中使用帆布、皮革、编藤、软木等手感较好的材质，以提高人体的视觉、触觉、心理上的舒适度（图1-34）。

3. 密斯·凡·德·罗 Mies Van der Rohe（1886—1969），德国

密斯是一位杰出的建筑设计师，但他在家具设计领域也显示出杰出的才华。密斯最为成功的一件家具就是"巴塞罗那椅"（图1-36、图1-37）。

"巴塞罗那椅"是1929年为巴塞罗那世界博览会中德国馆所设计的家具，它们最初是为前来剪彩的西班牙国王与王后准备的。该椅采用不锈钢钢架构成了优美的交叉弧线，用小牛皮缝制坐垫，非常简洁、大方。整个家具都采用手工制作，体量超大，表现出高贵而庄重的气质。"巴塞罗那椅"后来成为家具的经典之作，被许多博物馆收藏。

4. 勒·柯布西耶 Le Corbusier（1887—1965），瑞士

柯布西耶是20世纪最多才多艺的大师之一：建筑师、规划师、家具设计师、现代派画家、雕塑家等，毕生充满活力，对当代生活产生重大的影响。为了装备他自己设计的建筑室，他与夏洛特·帕瑞安一起设计出一系列现代家具。柯布西耶的家具都产生于其设计生涯的早期，反映了他当时受到"机器美学"的影响。

  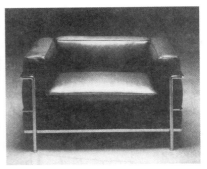

图1-38 | 图1-39 | 图1-40

图1-38 柯布西耶躺椅，柯布西耶，
1928

图1-39、图1-40 豪华舒适椅，柯
布西耶，1928

柯布西耶躺椅是一件很休闲、很放松的家具，它有极大的可调节度，可以调节成从垂足而坐到躺卧等各种姿势。它由上、下两部分组成，如果去掉下面的部分，可以当成摇椅使用（图1-38）。

豪华舒适椅典型地体现了柯布西耶追求以人为本的倾向，以新材料、新结构来诠释法国古典沙发。简化与暴露的结构是现代设计的典型做法。几块立方体皮垫被嵌入钢管框架中，便于清洁和换洗（图1-39、1-40）。

5. 阿尔托 Alvar Aalto（1898—1976），芬兰

20世纪二三十年代新材料的运用流行起来，但是这种材料一开始就显示出其根本的弱点，令人很难满意。比如钢材材质给人的冷漠感，造型的纯净单一，这都为设计的进一步发展设置了障碍，家具内在的调剂与自我丰富势在必行。在这种前提下，北欧的家具正式亮相。北欧的家具喜爱用木材，在设计时不过分强调机器美学，而是重视手工艺技术。阿尔托是这一时期北欧学派的代表人物。阿尔托的设计非常重视人情味，他对木材的革新使人们对现代家具更有信心。

阿尔托的第一件重要家具为"帕米奥特椅"，这是为帕米奥疗养院特别制作的（图1-41）。使用的材料是阿尔托经过三年实验后创造的层压胶合板，其整体造型十分优美。这件家具让人们感到"国际式"也可以使人产生温暖的感觉。

叠落圆凳是阿尔托的另一件重要设计作品。通过叠置，圆凳可以形成三重螺旋轨迹，从而构成一件雕塑艺术品。这件作品的尺度和比例都可以根据市场需要进行调整，也可以附加上靠背，但造型依旧完整统一（图1-42）。

1.2.3 第二阶段（20世纪30～50年代）现代家具设计的大师

第二代现代家具设计大师主要活动于20世纪30～50年代。与第一代大师相比，他们基本上都是以家具设计和室内设计作为其主要职业领域，他们对于家具的理解和创作态度以及在对现代设计与生活之间关系的看法上与第一代设计大师有明显的不同。第一代设计师的家具作品更

图1-41 帕米奥特椅，阿尔托，
1930—1931

图1-42 叠落圆凳，阿尔托，
1932—1933

图1-41 | 图1-42

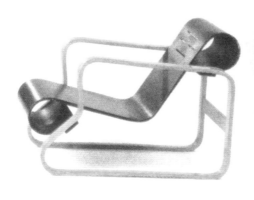 

多的是超越日常使用功能之上的"宣言性"的设计，其艺术化特征、强调机器美学的热情使他们的产品不能为一般家庭购买，而只能为少数富人和艺术馆所收藏。第二次世界大战后在重建家园的过程中，第二代设计师开始关注于生产与设计之间的关联，认为产品不应作为一种文化的奢侈品，而应该是现实生活中的一个实在的部分。"北欧学派"和"美国学派"是这一时期家具设计的主要力量。

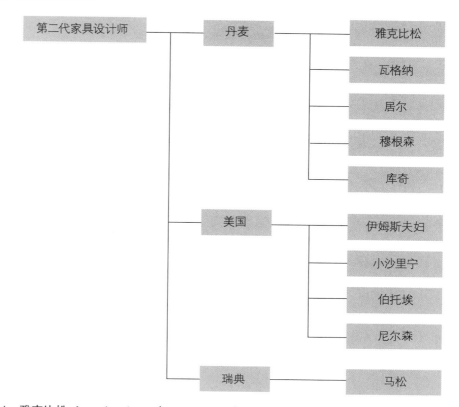

1. 雅克比松 Arne Jacobsen（1902—1971），丹麦

雅克比松的成名家具与层压胶合板密切相关，1951—1952年，雅克比松设计的"三足蚁椅"大获成功。这是丹麦第一件完全用工业化方式批量生产的家具。它只有两个部分，构造十分经济，且形象"前卫"。"蚁椅"销量惊人，这使雅克比松又有兴趣制作了四足"蚁椅"，其轻便、可叠置、多色选择等优点使之成为20世纪销量最大的椅子之一（图1-43）。

"天鹅椅"（图1-44）和"蛋椅"（图1-45）是雅克比松为北欧航空公司设于哥本哈根的皇家宾馆特别设计的。这件作品中使用一种新发明的化学合成材料，这种材料可以制成海绵泡沫状并进行延展，从而达到设计师所需要的形式。这一新材料的运用，使得家具的造型可以如同雕塑艺术般拥有激动人心的曲线。

2. 瓦格纳 Hans Wegner（1914—2007），丹麦

瓦格纳善于从古代传统设计中吸取灵感，并简化其已有形式，进而发展成为自己的构思。瓦格纳的成名作为"中国椅"，以中国传统圈椅为蓝本，进行简化设计。其中有两件最为轰动，被称为史上最漂亮的椅子。这些作品将明式圈椅简化到了只剩下最基本的构件，但保留了其原有的特征与韵味（图1-46~图1-49）。

3. 居尔 Finn Juhl（1912—1989）、穆根森 Borge Mogensen（1914—1972）、库奇 Mogens Koch（1898—1993），丹麦

居尔是丹麦学派另一位风格独特的人物，他以手工艺与现代艺术巧妙结合的方式创造出一种非常耐看的家具。其椅子设计中雕塑般的构件造型、材料的精心选择和搭配，开启了丹麦学

图1-43 蚁椅，雅克比松，1951—1952

图1-44 天鹅椅，雅克比松，1957—1958

图1-45 蛋椅，雅克比松，1957—1958

图1-46、图1-47 中国椅系列，瓦格纳，1944—1949

图1-48 孔雀系列椅，瓦格纳，1947

图1-49 公牛椅，瓦格纳，1960

图1-50 轻便折叠椅，瓦格纳，1949

	图1-43	
	图1-44	图1-45
	图1-46	图1-47
图1-48	图1-49	图1-50

图1-51 图1-52 图1-53
图1-54

图1-51、图1-52 休闲椅，居尔，
20世纪40年代设计

图1-53 沙发床，穆根森，1945

图1-54 折叠桌椅系列，库奇，1933

派中向有机形式靠拢的新设计理念。居尔设计的家具受到原始艺术和现代抽象有机雕塑艺术的影响，作品被称为优雅的艺术创造（图1-51、图1-52）。

"越简单越好"是穆根森的设计理念，他的家具都是为普通市民设计的，尤其符合年轻人的趣味。穆根森本人对现代艺术有很高的品位，但他的家具设计风格却是从普通民间生活中汲取的。如英国的温沙椅与美国的沙克家具都是穆根森常常涉及的题材。这些家具被再度提炼与简化，形成新的形式，深受中产阶层的喜爱。穆根森的设计只用木结构作构件，这是设计者本人出于生态角度的考虑，也成为了他个人作品的特征（图1-53）。

"MK折叠椅"是库奇一生中最著名的作品。这种折叠方式不是人们所熟悉的"中国式折叠"——前后折叠，而是采用左右折叠的方式。库奇设计出完善的折叠系列，如折叠椅、折叠凳、折叠床、折叠桌等。这些折叠的系列产品以帆布和皮革作面料，在当时十分流行（图1-54）。

4. 伊姆斯 Charles Eames（1907—1978），美国

数百年来，美国的设计一直是承袭欧洲流行的传统风格，但在第二次世界大战以后，美国终于真正地站到了世界设计的前沿。美国的设计深受"包豪斯"的功能主义风格的影响，但是在功能理性主义的基础上讲求秩序和简洁。如20世纪50年代的家具以批量生产、简洁无装饰、多功能、组合化为特点，适应战后相对较小的生活空间的需求。在美国最为杰出的设计师是伊姆斯和沙里宁。他们共同合作，使用新的材料——胶合板压模制作的椅子参加竞赛并获得第一名。

伊姆斯是一位非常勤奋的设计大师，一生中以独到的眼光与手法解决过许多领域的关键性

图1-55 LCM系列椅，伊姆斯，
1945—1946

图1-56 DKR椅，伊姆斯，1951
（在这把椅子的设计中，伊姆斯放弃
了人体形状的创意，运用焊接金属线
复制了S形外壳的形状。事实证明金
属丝轻巧透明，同时又具有高度的弹
性，这项技术被授予专利权，是家具
第一个机械解决方案。）

图1-57 子宫椅，埃罗·沙里宁，
1947—1948（这把椅子可以允许人
们采用几种不同的坐姿而不是僵化的
单一坐姿。松软的座位和靠背垫子使
得椅子达到期望的舒适度。）

图1-55	图1-56
图1-57	

的问题。伊姆斯的许多杰出成就与他的合伙人——他的妻子瑞·伊姆斯密不可分，他们对于"形式追随功能"进行了美学和技术角度的诠释。伊姆斯的与众不同表现在他的无门无派，决不将自己限定于某一个思想或技术派别之中。伊姆斯的设计一切从实际出发，他从不停止对新材料的创新性运用。1946年，伊姆斯为米勒公司设计的餐椅中创造性地使用了减震的橡胶节点，这成为后代设计师们经常使用的家具构件之一。1949年他设计了壳椅，这是以当时刚发明出来的玻璃纤维塑料作为主要材料。这种新材料使他的创意不断涌现，后来又设计出多款此类家具。伊姆斯设计的家具范围极广，总体来看，这些家具似乎缺少风格上的连贯性，然而伊姆斯只强调每件家具的统一性和使用性，由此而产生的设计态度被称为"伊姆斯美学"（图1-55、图1-56）。

5. 埃罗·沙里宁 Eero Saarinen（1910—1961），美国

小沙里宁既是20世纪著名的建筑师又是极有影响的家具设计师之一。20世纪40年代，小沙里宁与伊姆斯的合作是沙里宁的家具设计的第一阶段，在1941年纽约现代艺术馆举办的"家庭陈设中的有机设计"展中，他们合作的一组使用胶合板模压成型的椅子获得了一等奖。小沙里宁并不满意当时设计的椅子主体与腿脚部分的分离状态，1946年，他设计出一件传世之作"子宫椅"（图1-57）。"子宫椅"被誉为一件真正的有机设计，但沙里宁认为这件设计还是没能充分展现出他的设计思想。1957年，他终于设计出"郁金香椅"。这个构思为现代建筑室内减少了繁杂的家具腿足。该椅由三部分组成，铝合金底座、一次成型的玻璃纤维塑料的上部主体部分，以及泡沫坐垫。该椅的造型设计源于"生长性"的设计理念，足作圆盘设计，不损伤地面。这个设计获得了空前的成功，也给小沙里宁带来了很大的声誉（图1-58、图1-59）。

沙里宁的家具设计具有以下特点：设计中除了注重现代材料和现代生产技术、工艺的运用外，其有机设计的表现形式往往借用了现代艺术的语言，注重与整体环境的协调一致，致力于创造一种现代设计与艺术和环境结合的语境。

6. 伯托埃 Harry Bertoia（1915—1978）、尼尔森 George Nelson（1907—1986），美国

伯托埃原来是雕塑家，他是从艺术家转型成为家具设计师的成功范例。1951年伯托埃完成了充满创意的钢丝椅系列（图1-60），并取得巨大的市场成功。伯托埃以一个雕塑家的角度进

图1-58、图1-59 郁金香椅，埃罗·沙里宁，1955（郁金香椅是埃罗·沙里宁设计的一系列桌椅中的一个，这一系列的特点就是支撑物是一根细杆，像酒杯的高脚杯一样，设计者以此来突出桌子和椅子的统一风格）

图1-60 钻石椅，伯托埃，1950—1952（这把椅子适应性很强，造型简单流畅，外形犹如网状贝壳，充满了有机的特点。缺点是制造工艺复杂，每一根金属条都必须单独弯曲成形）

图1-61 椰壳椅，尼尔森，1955

图1-62 向日葵沙发，尼尔森，1956（该沙发可以选用不同颜色和大小的沙发软垫进行再组装）

图1-63 Eva椅，马松，1934

图1-58	图1-59	图1-60
图1-61	图1-62	图1-63

行他的家具设计，这种设计不仅满足了功能上的要求，而且同他的纯雕塑作品一样，也是对形式和空间的一种探索。

尼尔森既是一位很有成就的建筑师，也是一位多产的家具设计师。尼尔森的椅子和沙发设计非常有创意，1955年他设计了"椰壳椅"，正如其名称，其构思来源于椰子壳的一部分，这件产品看起来很轻便，但是由于"椰子壳"为金属材料，所以其分量并不轻（图1-61）。尼尔森的另一个著名的家具是"向日葵沙发"（图1-62），该沙发设计于1956年，主体部分被分解成一个个的小圆盘，并覆以不同颜色的面料。其色彩的大胆使用和明确的几何形式都预示着20世纪60年代波普艺术的到来。

7. 马松 Bruno Mathsson（1907—1988），瑞典

马松在第二代家具设计大师中是成名最早的。马松的设计最吸引人之处就是简单而优美的结构所形成的一种轻巧感，而材料的选择也构成了独特的气质。马松是现代家具设计中最早研究人体工程学的，他椅子的造型实际上都是随人体形状而来的（图1-63）。

1.2.4 第三阶段（20世纪六七十年代）现代家具设计的经典大师

第三代现代家具设计大师多为在20世纪六七十年代（1960—1979）大获成功的设计师。在20世纪，他们在设计上所取得的成就再也没有被超越过。科技的进步成为这一代设计大师创新的物质基础。他们几乎尝试了所有能想到的材料，包括空气与水，但其中最为突出的是塑料的运用，竟持续了十年之久。然而20世纪70年代，全球的石油危机结束了塑料设计的十年黄金时代，各种胶合板又重新回到设计舞台。此后，再没有哪种材料和哪几位设计师能一统天下，人们开始进入兼容并包的时代，"国际风格"与"后现代主义"并驾齐驱。第三代家具设计师的分布为：北欧学派、意大利派和几位美国的设计师。

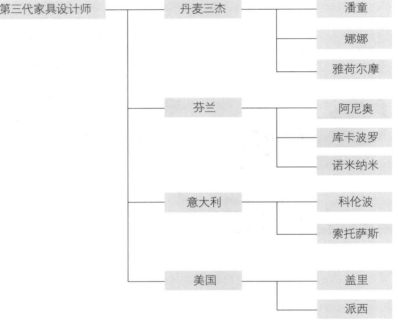

第三代家具设计师	丹麦三杰	潘童
		娜娜
		雅荷尔摩
	芬兰	阿尼奥
		库卡波罗
		诺米纳米
	意大利	科伦波
		索托萨斯
	美国	盖里
		派西

图1-64

| 图1-65 | 图1-66 | 图1-67 |

图1-64 潘童椅，潘童，1959—1960

图1-65 圆锥形椅子系列，潘童，1958

图1-66 好再来酒吧的室内设计，潘童，1958

图1-67 科隆博览会的室内设计，潘童，1968

1. 潘童 Verner Panton（1926—1998），丹麦

潘童的多才多艺充分体现在家具设计、室内设计、灯具设计等多个领域，被称为20世纪最富想象力的大师。潘童一生中最大的成就就是1960年设计的"潘童椅"（图1-64），这件以单件材料一次性压模成功的家具曾是许多前辈（如密斯和小沙里宁）的理想，这件雕塑般、形式单纯的作品为他个人带来极大的声誉。

图1-68～图1-71 一系列蝴蝶状的

椅子，娜娜

图1-72 PK24躺椅，雅荷尔摩，

1965

图1-73、图1-74 PK系列桌椅，

雅荷尔摩，1955—1956

	图1-68	图1-69
	图1-70	图1-71
图1-72	图1-73	图1-74

潘童在室内设计方面同样也是新意迭出。1958年，潘童应邀为丹麦"好再来酒吧"做扩建设计，他设计了一个全红色调的空间并展示了其著名的"心之锥"的红色椅子（图1-65、图1-66）。

1968年在科隆博览会上，潘童继续这种反传统的布置，运用了鲜明的强对比色调。潘童是丹麦现代设计的"叛逆"。他自始至终以彻底"革命性"的态度来对待设计，他以最先进的技术和新式材料展开大胆、创新、充满戏谑情调的设计，体现了潘童乐观的心态（图1-67）。

2. 娜娜 Nanna Ditzel（1923—2005），丹麦

娜娜是北欧学派中唯一的一位女性设计师，有"设计贵妇"之称。她在室内、家具、纺织品、首饰等多方面有着不俗的表现。娜娜在家具设计中对几何要素、圆弧、环状构图、有韵律的色彩排列与重复有极大的兴趣。多年来，她对蝴蝶十分着迷，以此产生了一系列"蝴蝶椅"，体现了一种生命感和优雅感（图1-68~图1-71）。

3. 雅荷尔摩 Paul Kjaerholm（1929—1980），丹麦

雅荷尔摩是木匠出生，但他的巨大成就与木构成的传统家具无关。他的家具几乎无一例外是为工业化生产而设计的，并全部以钢构架取代丹麦传统的实木构架，反映出他的设计受经典的"国际式"的影响。雅荷尔摩对材料不寻常的选择及组合集中体现了他的唯美主义倾向，如

铝金属、钢丝。在许多情况下则使用细铁板框架，而坐面材料则采用纯净的自然材料，如皮革、棕藤及某些编织物。1955—1956年雅荷尔摩设计的PK系列也表现了他家具设计的"纯净"的特点（图1-72~图1-74）。

4．阿尼奥 Eero Aarnio（1932—　），芬兰

阿尼奥是当代最著名的设计师之一，他奠定了20世纪60年代以来芬兰在国际设计领域的领导地位。阿尼奥的第一件家具问世很早，1954年他拜访了未婚妻的家乡，并在那里学习了编织篮子的技术。当他把篮子颠倒过来时，发现颠倒的篮子很像一个座椅，于是设计了用藤条编的椅子系列，这一系列被称为"蘑菇椅"，从20世纪50~90年代一直被人们广泛使用。后来该系列改用玻璃钢做材料，同时配有精美的坐垫（图1-75、图1-76）。

从20世纪60年代开始，阿尼奥开始使用塑料进行实验，他放弃了传统的样式，采用鲜明的、化学染色的人造材料进行设计，使人们得到很大的乐趣。这些塑料家具中最著名的包括球椅、香皂椅和西红柿椅。

球椅设计于1963—1965年，轰动了科隆国际家具设计大赛。这种椅子以各种颜色的玻璃钢外壳配以泡沫的垫子，看似航天座椅，外观给人强烈的印象，而使用者则会产生钻入洞穴般的特殊感受，为使用者提供了一种与世隔离的空间（图1-77）。

香皂椅（图1-78）设计于1968年，它的构思源于球椅内部有很大的空间，可以放入一个辅助设备，因此阿尼奥设计了尺寸恰好可以放入球椅宽敞内部的香皂椅，因此两者的直径是相同的。除了放在球椅中使用外，它还有更多的使用方式。香皂椅的外形源于一种名为"pastil"的糖果，因而在美国也被称为"pastil椅"。

西红柿椅又一次体现了阿尼奥对圆形的构想（图1-79），这种椅子看似很复杂，但仔细观察，就会发现它由三个直径相同的圆巧妙地连接而成。两个圆球形成扶手，另一个是靠背。无论从哪个角度来看，西红柿椅都像一个艺术品。

20世纪70年代，阿尼奥把更多的精力投入到由聚氨酯泡沫为构造的更具造型化的家具设计之中。1973年，他设计出"Pony椅"（图1-80）。这是一个充满幽默的小狗造型的椅子，由柔韧的聚氨酯冷凝泡沫在金属框架外而构成的，表面是一层丝绒。这个设计使"坐"变得更为有趣，通过该椅子的问世，阿尼

图1-75

图1-76　图1-77　图1-78

图1-75、图1-76 蘑菇椅，阿尼奥，1954

图1-77 球椅，阿尼奥，1963—1965

图1-78 香皂椅，阿尼奥，1968

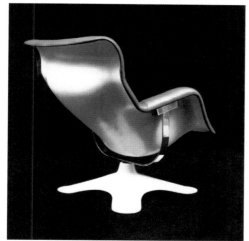

（a）　　　　　　　　　　　　　　　　（b）

图1-79 西红柿椅，阿尼奥，1970

图1-80 Pony椅，阿尼奥，1973

图1-81 Chick椅，阿尼奥，2001

图1-82 卡路塞利418，库卡波罗，1959～1964

图1-83（a、b） 图腾椅系列，库卡波罗，1991～1999

图1-84 马蹄形桑拿凳，诺米纳米，1951（凳子的马蹄形状使它非常实用：湿漉漉的人能够在非常实用的"干燥架"上晾干自己。它的可见节点能直接地使人想到民间艺术）

图1-79	图1-80	图1-81
图1-82	图1-83（a、b）	
图1-84		

奥获得了从动物方面寻求灵感的新设计思路，于是2001年，他延用这种思路又设计了"Chick椅"（图1-81）。可以说，阿尼奥的家具设计充分体现了国际流行思潮与设计师气质有机结合的独特风格。

5. 库卡波罗 Yrjo Kukkapuro（1933— ），芬兰

库卡波罗是20世纪家具设计大师中获奖最多的设计师之一。与阿尼奥的设计风格完全不同，库卡波罗的家具设计体现的是"以人为本"的理性主义思想。1959—1964年，库卡波罗设计的卡路塞利418椅获得1974年由美国《纽约》杂志举办的"最舒适的椅子"设计比赛的头奖。卡路塞利系列有椅、桌、箱柜等家具数十种之多，其中最著名的是近十种卡路塞利椅，被许多博物馆收藏（图1-82）。

20世纪70年代中期全球石油危机终止了人们对合成材料的过分狂热，库卡波罗开始发展以钢与胶合板为主体材料的家具，并着重开发办公家具和公共家具。他的设计简洁、优雅，并坚持以人体工学为设计基础，成为现代办公家具最重要的代表之一（图1-83a，b）。

6. 诺米纳米 Antti Nurmesniemi（1927— ），芬兰

诺米纳米是20世纪最著名的设计师之一，在漫长的设计生涯中，他一直是发展芬兰设计艺术的主要人物。诺米纳米是一位多产的设计师，他的作品每一件都很精美，深受大众喜爱。他的大部分作品都被世界一流的博物馆收藏，也给他带来了一个又一个的荣誉。诺米纳米于1951年为皇宫酒店设计了马蹄形的桑拿凳，这是一件带有精微芬兰神韵的现代设计，胶合板与柚木凳腿的

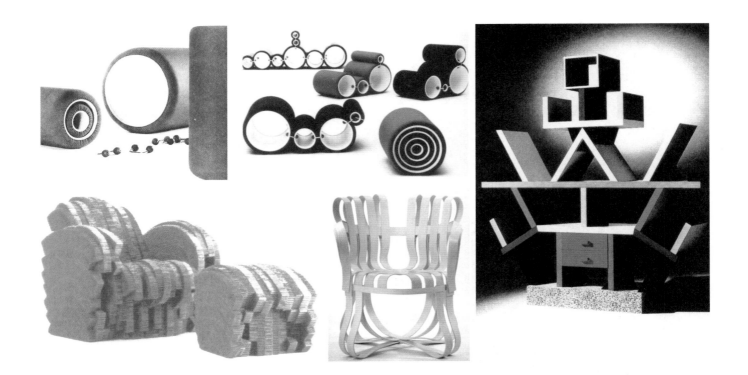

图1-85、图1-86 管状椅，科伦波，1968—1970

图1-87 "Carlton" 书架，索托萨斯

图1-88 Cardboard，盖里，1986（该椅的材质为几层朝不同方向延伸的波纹硬纸板粘贴而成，这种材料在室内有降低噪声的效果，并且成本很低。）

图1-89 Powerplay系列椅，盖里，1990—1992

图1-85	图1-86	图1-87
图1-88	图1-89	

结合体现了20世纪50年代早期流行的现代主义严谨的理性主义原则，这成为他的第一件成名作品（图1-84）。诺米纳米的家具设计具有鲜明的个性，简洁明确的流线型设计是他作品的最大特征。1960年米兰国际博览会上展出诺米纳米的一件构思极为超前的作品——米兰椅，其结构之简洁，造型之大胆，使之直到20世纪90年代才被投入生产。后来诺米纳米又以同样的思路设计了一系列流线型的休闲椅系列。

7. 科伦波 Joe Colombo（1930—1971），意大利

意大利现代设计被认为是"现代文艺复兴"，它所体现的文化一致性表现在包括家具设计的所有设计领域之中，其根源于意大利悠久而丰富的艺术、历史文化宝库中。20世纪60年代，由于塑料和先进成型技术的发展，意大利的家具设计进入了更富个性的创造时代，其中表现最为突出的家具设计师有科伦波、索托萨斯等人。

科伦波早年就加入了著名的"原子绘画运动"，他作为抽象表现主义画家和雕塑家表现非常活跃。到了1958年左右，科伦波决定放弃绘画转向设计活动。

科伦波的家具设计充满着对结构和材料的探索。他最早的成名作是1963—1964年间研制的4801号椅，以三块层压板相互交叉而形成。1968—1970年科伦波设计出著名的多功能套装式"管状椅"，这件家具可以进行多方式的组合，以提供弹性极大、适用性极广的休闲姿势范围，由此反映出科伦波对现代设计的初衷——尽可能地提供多用途性能（图1-85、图1-86）。

8. 索托萨斯 Ettore Sottsass（1917—2007），意大利

索托萨斯出身于奥地利，后随全家移居意大利，主要从事建筑设计、室内及家具设计。深受东方和印度哲学影响的索托萨斯是20世纪60年代以来意大利设计界的明星。索托萨斯于1981年成立的"孟菲斯"设计集团就是意大利前卫性质的设计团体。20世纪80年代"孟菲斯"轰动世界设计界，成为"后现代设计"运动的主角之一。"孟菲斯"的设计在手法上常采用高度娱乐性和艳俗的方式来表达与正统设计完全相反的效果。他们的家具往往采用装饰贴面板，造型具有儿童心理的特点，设计中表现了"玩世不恭"的态度，人们在使用时不会感到单调，这些作品表现了对现代主义"国际式"的反叛与批评（图1-87）。

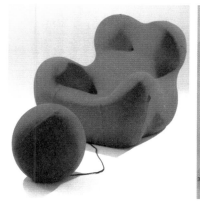  

图1-90 UP系列座椅，派西，1969

图1-91 雨伞系列，派西，1992—1995

图1-92 纽约落日，派西，1980

图1-90 │ 图1-91 │ 图1-92

索托萨斯被同时代的人称为设计界的"文化游牧者"，因为他一生的设计生涯始终以一种"人类学"的态度对待设计。从本民族世俗文化和其他民族不同文化中寻找创作灵感，也从个人经历中获得启示，这些特质赋予他的设计变幻无常的格调。

9. 盖里 Frank O. Gehry（1929— ），美国

进入20世纪六七十年代后，美国的家具设计领域相对沉寂，继第二代家具设计大师伊姆斯和小沙里宁后几乎没有再产生影响较大的家具设计师。许多建筑设计师将家具设计作为副业，其中成就比较杰出的是盖里和派西，然而严格说来，派西还属于意大利派。

盖里是20世纪后期最著名的建筑师之一，偶尔从事家具设计，但成果总会令人吃惊。20世纪80年代盖里使用纸板作材料，设计了一套"实验边缘"的家具系列，构思极为独特（图1-88）。10年后盖里又花费了大量时间发展他最新家具系列，命名为"Powerplay"。这款家具完全由弯曲的薄型胶合板条编织而成，显然是从民间日用编织技术上获得灵感，这款家具无需任何结构支撑构件，同时还能为使用者提供一定的弹性（图1-89）。

10. 派西 Gaetano Pesce（1939— ），美国

派西生于意大利，早年在意大利生活，并深受意大利学派的影响。他的作品始终充满了创新的理念，风格、设计手法与意大利学派一脉相承。20世纪80年代，派西来到美国，成为了美国设计师。

派西的成名作为1969年在意大利设计的UP系列座椅，该坐具采用当时最新研制的聚乙尿素纤维泡沫制成，极富弹性。家具成品压缩后真空装入PVC包装中，消费者买回家后，打开包装，它们会迅速膨胀开来。派西称这种家具为"转换家具"，他将购买椅子的行为变成一件极为有趣的事，这一创新引起了轰动（图1-90）。

20世纪80年代派西来到美国后还制作了后现代主义作品——纽约落日（图1-92），此家具外形为城市景观的缩影。20世纪90年代，派西的设计又增加了幽默感，1992—1995年设计制作的"雨伞"折叠椅就是一个例子（图1-91）。"雨伞"系列构思源于"手杖"，造型简洁、轻便，深受市场欢迎。

1.2.5 第四阶段（新生代）家具设计代表人物

新生代指的是20世纪40年代以后出生的设计师，他们一开始就面临着复杂的境况。他们之前的第三代设计师已经取得了令人难以跨越的成就，其中许多人实际上还在工作着，这对于后来的设计师们想要找寻到新的设计突破口来说是很难的事。在这种背景下，新生代设计师在追随前辈的基础上总期望着创新，哪怕这种"创新"在某些情况下是怪诞、离奇，甚至是让整个社会都不可理解的。另一些设计师从传统中汲取经验或是仿效自然进行家具的设计。此外，人

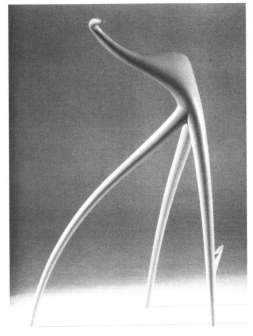

图1-93 W.W椅凳，斯塔克，1990（这把椅子确切地说是站立辅助物，它是为一位电影导演设计的，椅子的外形有"萌芽"的暗示，表示创作灵感不断涌现）

图1-94 "空"椅，斯塔克，2000

图1-95 "哈德逊"椅，斯塔克，2000

图1-93 | 图1-94 | 图1-95

们对生态环境的日益重视，使设计师更为关注那些以往被视为废弃物的材料，并使这种绿色设计本身成为一种新兴的文化。同时，艺术与设计的观念也趋于融合，"边缘科学"的概念成为现代艺术设计中最容易发现新东西的导火索，这些都成为家具设计的新趋势。

总之，当今的社会是一个多元化的社会，其中不乏一些知名度颇高的设计师，如法国设计师菲利浦·斯塔克，英国的迪克森、莫里松、阿拉德等。

1. 菲利浦·斯塔克 Philippe Starck（1949— ）

菲利浦·斯塔克可以被视为一个神童，他不满16岁就赢得过家具设计的第一名，曾涉猎室内设计、产品设计、建筑设计、家具设计、交通工具设计、电器设计、日用品设计等诸多领域。斯塔克将自己描述为学者，在19岁时就已经成立了自己的第一家公司，出售充气家具。20世纪80年代以后，菲利浦·斯塔克成为最著名的新生代"设计巨星"，完成了数量惊人的设计作品。如1984年为巴黎Costes餐厅设计的"三足椅"，1994年设计的Lord Yo椅等。1982年，当时的法国总统密特朗委托他设计自己在爱丽舍的私人房间，从此斯塔克名声大振。斯塔克偏爱铝材和长长的流线型角状物，这可能来自于父亲的遗传，斯塔克的父亲是一位飞机师和发明家，一生和这种材料与形状打交道。不过斯塔克并没有意图摹仿空气动力学的设计形状，他反而从生物学的角度进行重新地解读。斯塔克认为设计师的作用就是用最少的材料创造最多的快乐，他的设计才华源源不绝，新颖的外形无穷无尽，他往往用科幻小说里的名字为自己作品命名，比如意大利制造商生产的"Ubik"系列就得名于美国小说家Dick的同名小说（图1-93~图1-95）。

2. 迪克森 Tom Dixon（1959— ）

迪克森从1983年起开始设计家具，他于1987年设计的厨房椅和1988年设计的"S"椅是他20世纪80年代的代表作，至今这些作品仍以不同的材料在限量生产（图1-96）。迪克森的设计力求远离工业化生产系统，探索设计中随机创造性的潜力（图1-97~图1-99）。进入90年代后，迪克森的设计进入新的阶段，

图1-96 "S"椅，迪克森，1988

图1-97、图1-98 金属丝系列，迪克森

图1-99 迪克森坐在他设计的椅子上

图1-100 思想者椅，莫里松，1987

图1-101 Low Pad和Hi Pad椅，莫里松

图1-102 空气椅，莫里松

| 图1-97 | 图1-98 | 图1-99 |
| 图1-100 | 图1-101 | 图1-102 |

其作品减少了手工艺的痕迹但增加了雕塑感，其代表作品是1990—1992年之间设计的"Bird系列椅"及1991年设计的"Pylon椅"。

3. 莫里松 Jasper Morrison（1959— ）

莫里松在20世纪80年代早期已经因他的实验家具而闻名，其最著名的家具设计是1987年设计的"思想者椅"（图1-100）。这件用钢管和钢条制作的椅子既可以用于室内也可以用于室外。扶手顶端的小平台可以用来放置茶杯。莫里松家具设计中最重要的部分是20世纪80年代末开始进行的沙发设计，这些设计体现出由理性主导的纯净美，其高度纯洁而又功能化的作品典型地体现了"新简洁主义"（图1-101、图1-102）。

4. 阿拉德 Ron Arad（1951— ）

阿拉德是英国另一位成就显赫的新生代设计师。阿拉德的家具设计受法国设计大师简·普鲁威的影响很大。1987年阿拉德设计了著名的"Schizzo椅"，这件俗称为"二合一"的新鲜设计由视觉上分开但实际上统一为整体的胶合板件构成，两件构件不论分开或是合并都有明确的

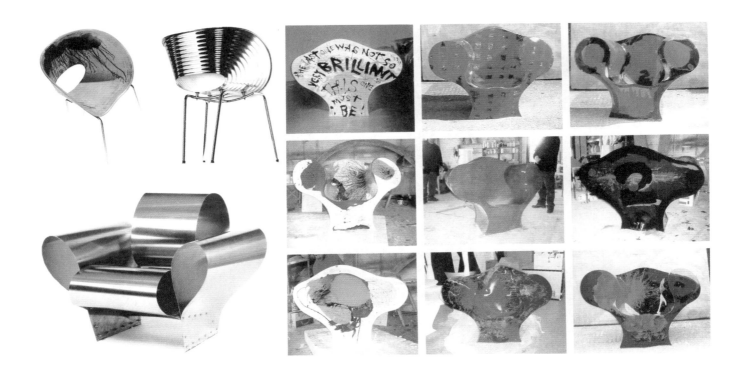

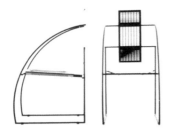

图1-103 新奥尔良椅，阿拉德
图1-104 舒服的椅子，阿拉德，1986
图1-105 Pic椅，阿拉德
图1-106 Quinta椅，博塔，1985

图1-103	图1-105
图1-104	
图1-106	

使用功能。然而，真正奠定阿拉德新派家具设计代表人物地位的还是他设计的"金属艺术家具"，这类家具是对工业化批量生产的一种明确对抗，尽管制造费用昂贵，但作为"艺术家具"该设计受到广泛关注。1989年阿拉德设计的大休闲椅系列将他对线和运动的兴趣强烈地输入进去，形成一种结构和材料的高度统一。1992年阿拉德的这种"艺术家具"创作已经达到顶峰，此时的家具设计已经变成了抽象雕塑作品（图1-103~图1-105）。

5. 博塔 Mario Botta（1943—　）

博塔主要是建筑师和规划设计师，但他在某些阶段也会专注于家具与灯具设计。他最重要的家具设计作品是1982年完成的Seconda椅和1985年设计的Quinta椅。它们都代表了"高技派"设计风格，表现了设计师对过分装饰化倾向的一种对抗。博塔在他的设计中力求表现一种来自材料和技术的理性主义美感，博塔的作品被评论家称之为"新高技派"，以展示"后现代设计"中更理性更精致的方面著称（图1-106）。

6. 意大利先锋派

意大利先锋派是现代家具设计中一支不可小觑的中坚力量。意大利在早期现代设计中形象并不突出，然而在二战后意大利却成为世界上设计活动最活跃的地方。意大利设计的主要特点是创造力丰富，不受拘束，是激进艺术的发源地，如20世纪60年代的波普艺术，80年代的"后现代设计"等。艺术对设计的影响也是深远的。"艺术地生产"成为意大利设计师的口号，体现了他们把设计作为一种文化和艺术来对待。

波普艺术并非源于意大利，但在家具设计领域，波普对意大利设计师影响甚远。波普（pop）一词来源于英语的"大众化"，其原则之一就是用廉价的材料去构思各种正统的造型，具有强烈的反叛精神。其中由意大利设计师设计的"充气椅"和"袋椅"成为大众文化的经典作品之一，它们反映了"用完扔掉，以新代旧"的设计态度。

1969年意大利扎诺塔家具公司推出了由激进设计师加提、包里尼和提奥多罗组成的设计小组设计的"袋椅"，这种椅子没有传统的结构，主要是一个内装有弹性颗粒的口袋形成。"袋椅"没有固定的外形，它随主人就座呈现出不同的人体轮廓，它代表了一种不受拘束的休闲生活（图1-107、图1-108）。

　　"充气椅"由罗马兹等人设计，该椅采用透明和半透明塑料薄膜制成，具有沙发的造型，也有沙发的功能，因为材料和制作工艺的特殊性，给人以强烈的震撼，"充气椅"反映了20世纪60年代末人们对室内设计目标态度的变化，像持久性、可靠性这种传统的中产阶级价值观念受到质疑并且被抛弃了，"充气椅"使20世纪20年代中期布鲁尔能够坐在一堆空气上的幻想终于实现了（图1-109）。罗马兹还以棒球手套的造型设计了一个取名为"裘"的大沙发，这是以美国棒球明星裘·迪玛吉奥的名字作象征而命名的（图1-110）。

　　不过意大利新生代设计的主流仍是充满创意的"激进主义设计"，他们的设计多半都是非常激进和超前的，他们把注意力放在无孔不入的创新思维上。其中代表人物有德加尼罗、西特里奥等（图1-111）。

7. 其他

　　除上述设计师外，家具设计界还有一些崭露头角的新生代设计师。如日本的Shiro Kuramata、喜多俊之、属于北欧学派的芬兰设计师威勒海蒙、海科拉、安特宁等。

图1-107、图1-108 袋椅，加提、包里尼、提奥多罗，1969

图1-109 充气椅，罗马兹等，1967

图1-110 "裘"，罗马兹

图1-111 Torso系列组合沙发，德加尼罗，1982

图1-107	图1-108	
图1-109	图1-110	图1-111

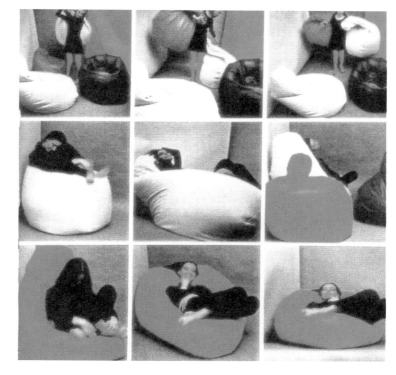

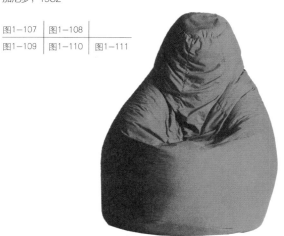

日本设计的特色表现在两方面：一是注重手工艺传统的继承与发展，保持和发扬民族特色；二是批量生产的高技术的应用。所以日本的家具设计与制造既有传统工艺的精工精致，又是高技术的集中体现。

Shiro Kuramata是日本最为著名的设计师之一。他通过使用诸如树脂玻璃和肋条钢丝等不同寻常的材料来探索家具设计的未来。他追随这些材料的表现力，并通过它们可能具有的心理冲击力创造跨越功能和联想界限的作品。1986年Shiro Kuramata设计的"月亮有多高"是根据杜克·埃灵顿的同名爵士乐曲命名的，座椅表面镂空，具有微弱的光泽，使人联想到洁白的月光和轻飘的感觉（图1-112）。Kuramata将椅背、扶手、座位——简化成立方体，并将各部分焊接在一起，制造成轻便的椅子，肋条钢丝保证了一定的弹性，确保了座位的舒适。另一件由Shiro Kuramata设计的"布兰奇小姐椅"设计于1988年，是根据戏剧《欲望号街车》中主角而命名的。Kuramata用树脂玻璃制成玫瑰暗喻布兰奇生活的幻想般的世界，在此装饰不仅仅是陪衬，而是具有象征意义（图1-113）。

喜多俊之于1980年设计了"眨眼椅（Wink）"（图1-114）。这件设计旨在提供多功能。如果打开搁脚板，座椅就变成了躺椅，此外座位、椅背、搁脚板都有不同颜色的额外沙发套，便于更换。通过座位侧面的旋钮，"Wink"椅的靠背能够轻松调节。组成头靠的两片软垫都能完全向后倾斜，这样一来，如果反坐在椅子上，头靠就可以当扶手用。灵活巧妙的设计与可以置换的颜色使得主人永远不会厌倦自己的座椅，而看似米老鼠的造型使得该设计深受儿童的喜爱。

除此而外，北欧学派仍在新生代设计中占有重要的地位。形成于二次世界大战期间的北欧家具设计风格具有明显的特点和风格：实用、简洁、大方、轻巧、美观，它充分考虑到人们对建筑、室内装饰及日用品使用中的实用、卫生、安全、灵活、舒适等要求，又不失北欧设计中独有的对传统文化的尊重，对装饰的适度克制，对自然材料的喜爱。北欧的家具将现代主义设计思想与传统的人文主义设计精神统一，既注意产品的实用功能，又关注设计中的人文因素，将功能主义设计中过于严谨刻板的几何形式柔化为一种富有人性、个性和人情味的现代美学风尚。

图1-112 ｜ 图1-113 ｜ 图1-114

图1-112 "月亮有多高"，Shiro Kuramata，1986

图1-113 "布兰奇小姐椅"，Shiro Kuramata，1988

图1-114 "眨眼椅"，喜多俊之，1980

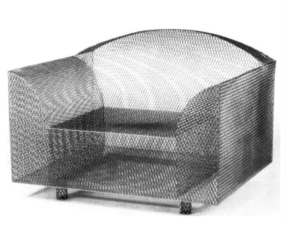

课题设计：回归经典

[设计内容]

前辈设计师们设计了无数的经典家具，他们在造型、选材、构思等方面都有所建树，给我们以启迪，成为我们学习的典范。对于之后的设计者来说，在追随的基础上进行创新是一种较为简便的设计方法。

这个课题要求学生们选取一位知名设计师的经典作品，在透彻理解原作的基础上，从某种意义上"重复"这位设计师的"创新"方法，对这件家具进行新的构思与创作。

[命题要点]

该课题的难点在于理解原作的"创新"意义和特点，对作者的构思与观点也应进行揣摩。

可以从以下几个角度进行构思与设计：

（1）了解设计者设计该家具时的想法，并使用这种想法（创意）进行自己的设计。

（2）对原作进行解构重组，以自己的想法来重塑经典。

（3）简化原作的结构，使之出现新的形象。

（4）原作的造型给人以启示，模仿这个造型设计新的家具。

（5）用新的材料（最好具有新的用途）来改造原作。

[注意点]

1. 该课题以表达设计概念为主，主要考察学生的造型能力、想象能力及创新能力，应将重点放在形体的塑造上，突出其艺术性，对设计概念、造型、色彩、材料方面予以要求。

2. 作业的表现形式为3D制作的效果图3张，从不同角度拍摄的渲染图，A4图纸。

[时间安排]

共3周

第1周：资料收集与构思草图。

第2周：草图讨论与方案确定。

第3周：3D设计方案的制作、后期文本的制作。

学生作业示例

示例一：珠椅　　设计：宋亦君

构思来源：椅子的设计以阿尼奥的太空椅为改造对象，将中国古代佛珠与太空椅的形象相联系。佛珠多为檀木制，质地坚硬，表面光滑，给人以质朴宁静之感。本设计借佛珠之意（图1-115），形式脱胎于经典设计太空椅（图1-116），外壳使用黑胡桃木，内部用红丝绒制作椅垫，材质上的变化颠覆了原作的现代风格，使椅子具有古典韵味。

外形分析：椅子采用红黑色系，从而体现出中国风格。顶部有一小孔，形

图1-115
图1-116

图1-115 佛珠

图1-116 太空椅

似于佛珠顶部用来穿线的孔洞，小孔用来采光，可以打破外形的封闭感，也可作为阅读灯的接入口。

示例二：半管椅　　设计：孙贝妮

作品以科伦波的多功能管状椅作为改造对象，保留了科伦波在管状椅设计中的主要创作思想。在管状椅的设计中，科伦波认为家具具有弹性和有机的因素，通过多样的连接与组装能满足人们的多种使用用途。在半管椅的设计中，为了解决卡口连接时会翻翘的问题，每个半管椅的两个长边带有正负磁极，组合时可以自然吸引相连，从而省去大部分的连接件。

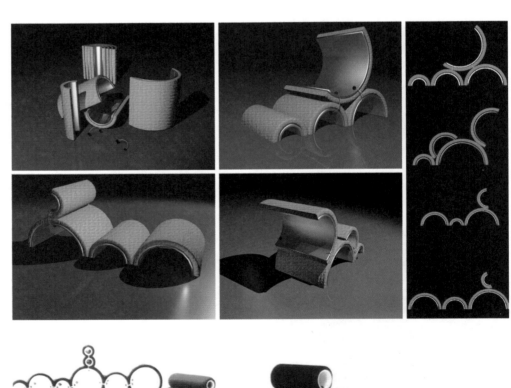

示例三：椅子　　设计：程远鹏

在一些椅子的设计中，设计师并没有使用一些令人感觉亲切、友好、舒适的材质，如法国设计师简·普鲁威，他就是一位擅长用金属制作家具的设计师。这把椅子的设计以普鲁威1927年设计的一把休闲椅为改造原型，希望设计出一把结构和材料与之相似的椅子。因为在一些公共场合人们有适当休息的需要，这种休息是暂时性的，所以这种环境中的座椅并不需要太舒服、太柔软、太亲切。

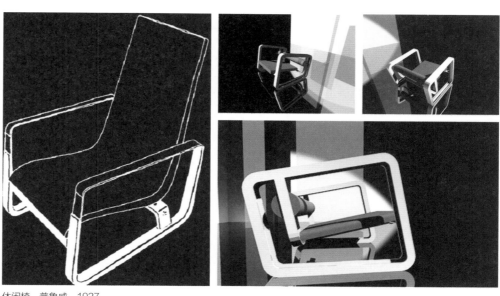

休闲椅，普鲁威，1927

示例四：博古架　　设计：高寒玉

中国古典园林经过千百年的沉淀已经成为一种经典，园林的平面形式可视为某种带有文化意义的美学符号，虚实空间的几何关系，拓扑关系都带有东方的玄学意味，也成为了现代主义趋之若鹜的美学形式。设计者将苏州的园林——艺圃平面的院落与建筑的虚实关系进行了抽象与整合，结合中国传统家具中的典型博古架的形式进行了演化与发展，让设计带有东方文化意味又符合现代的审美标准。

▌概念生成

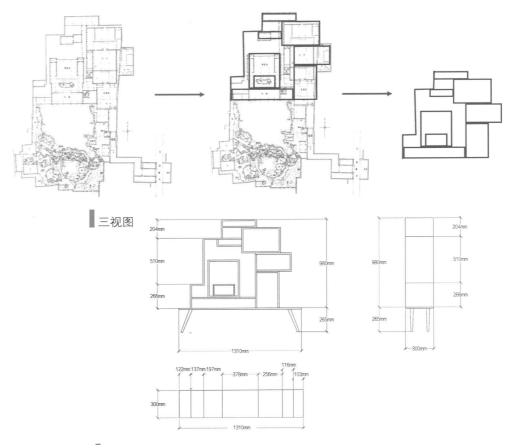

三视图

效果图

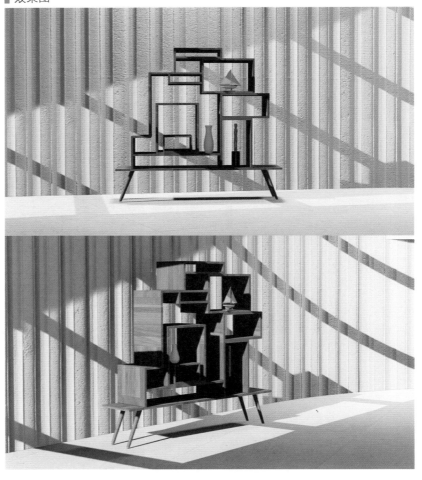

第2章

人与家具

本章简介： 家具是实用性的产品，因而我们在设计家具时考虑的第一要素是家具功能的合理性。家具设计时应使家具的基本尺度与人体动静态的尺度相配合，家具的造型与结构要满足人们各种作息习惯的需要，并通过家具的外观、色彩、质感等要素来满足人们各种审美的心理需求。本章主要从人体工程学的角度对人和家具的各种关系进行理性的分析，以帮助学生设计出合理、舒适的家具。

教学目标： 1. 学生能够理解和掌握各种常用家具的尺寸；
2. 学生可以从人与家具的关系的角度来设计和品评家具；
3. 通过学习心理学的知识，学生能够从使用者的心理和个性角度出发来设计家具。

2.1 人的作息原理

人类生活主要由运动与休息两大部分组成。人体在运动中由于肌肉和韧带的持续收缩与拉伸从而会产生疲劳，这种疲劳需要通过不同程度的休息来消除，从而恢复后续运动所需要的体能。此外，如果人们长时间保持某一种姿势，神经系统会高度紧张，相应的肌肉组织也会持续拉伸，从而引起心理上的厌倦和生理上的疲劳感，我们将这种疲劳称为静疲劳。因此人的活动与休息必须相互交替，并保持适当的比例关系。

除了生理上的调节之外，心理上的调节也很重要，能否达到生理上的满足感是直接影响人心理上的舒适度的首要条件。除此之外，外在感觉上的特性也会使人产生不同的情绪，因此家具设计时不仅要考虑到人的生理因素，也要考虑到人的心理因素。

综上所述，从人与家具的关系角度看，这里提出以下几点家具设计的准则。

（1）家具的基本功能设计应满足使用者具体生活行为的需要（图2-1）。

（2）提供支持人们休息状态的家具，应使人在使用时静疲劳强度降至最低，从而可以让人体各部分肌肉处于完全放松的状态。同时支持人体的承压结构应使压力均匀分布以减少单位面积的压力密度。

（3）为工作状态提供服务的家具，除了考虑减轻人体疲劳外，还应考虑提高工作效率与质量，应使人与家具处于合理的相对位置（图2-2）。

（4）正确的姿势可以减少人体内脏器官的压迫感，所以家具设计应努力让人们保持正确的姿势。

图2-1 专门为信徒祈祷时设计的凳子。其造型与尺度只符合相应的动作状态，该设计显示了人的动作与家具样式之间的关系

图2-2 "双重平衡"椅。挪威设计师经过研究发现，人体在工作时如果重心向前并使重量集中于膝部，既可以提高工作效率又可以减轻臀部与腰部的疲劳感，此椅子是根据这一发现而设计的

图 2-1

———

图 2-2

（5）家具设计时要遵守便于身体移动的准则。使用者长期保持同样的姿势也会产生静疲劳，因此家具应能适应不同姿势的交替变化，僵化而束缚人体的家具并不能给人以良好的休息。

（6）家具的外观设计要考虑到使用者的心理需求与个性特征，从而有利于人的身心健康。

2.2 人体尺度与家具的关系

确定一件家具的尺寸是多少才适合人们的使用，应先了解人体在使用这些家具时的基本活动的尺度，比如人站立、坐、躺、卧时的手足伸展的范围。因而，人体的基本尺度是家具尺寸的最基本的依据。

表2-1为我国成年人人体相关的尺寸与相应的家具参考尺寸。

表2-1　　我国成年人人体相关尺寸与相应家具参考尺寸　　　　单位：mm

项目	5百分位	50百分位	95百分位	家具参考尺寸
身高	1583	1678	1775	1800
	1484	1570	1659	1660
肩高	1330	1406	1483	1500
	1213	1302	1383	
肘高	973	1043	1115	990
	908	967	1026	
中指尖上举高	1963	2109	2259	1950
	1831	1948	2065	
肩宽	385	409	409	420
	342	388	388	
胳膊长	628	663	698	630
	595	627	660	
踮高	2046	2189	2336	2100
	1940	2051	2162	
坐高	858	908	958	960
	809	855	901	
坐姿肘高	228	263	298	270
	215	251	284	
坐姿膝高	467	508	549	540
	456	485	514	
坐姿大腿厚	112	130	151	150
	113	130	151	
小腿加足高	383	413	448	450
	342	382	423	
坐深	421	457	494	450
	401	433	469	
坐姿两肘间宽	371	422	498	450
	348	404	478	

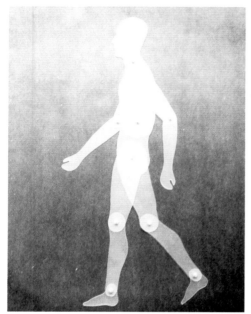

项目	5百分位	50百分位	95百分位	家具参考尺寸
坐姿臀宽	295	321	355	390
	310	344	382	
蹲高	1016	1089	1164	1200
	967	1042	1116	
蹲距	554	612	672	690
	532	564	597	
单腿跪高	1218	1271	1326	1320
	1137	1205	1276	
单腿跪距	631	728	827	840
	613	691	771	

注：1. 5百分位指5%的人适用尺度，50百分位指50%的人适用尺度，95百分位指95%的人适用尺度；

2. 表格中上行为男子尺寸，下行为女子尺寸。

2.3 体感动作与家具的关系

人在运动与休息的过程中存在着多种不同的姿势，如站立、蹲坐、躺卧等。这些姿势从人的完全的活动状态（如跑、跳、走等）到有依靠的站立、坐、卧，直至完全的休息状态。其中，除了完全活动的状态外，其余的各种体态与姿势都或多或少地与家具产生一定的联系。

人体的作息状态可以通过以下图例进行分析：①人体完全活动的状态或无倚靠的直立静止状态，与家具无直接关系（图2-3、图2-4）；②人体处于凭倚状态，需要一定的物质支持（图2-5、图2-6）。对应的是凭倚类家具；③人体逐渐呈现休息的状态，依靠于地面、墙面或凭几而坐。对应这种姿势的是日本式桌椅（图2-7~图2-9）；④上身处于活动的姿势，日常办公、读书、饮食常处于这种状态。这种姿势容易产生疲劳感，可以加入靠背缓解疲劳。对应的是工作桌椅（图2-10、图2-11）；⑤带有扶手的椅子，可以分担上半身的部分体重（图2-12~图2-14）；⑥加强靠背的倾斜度，使人体得到进一步的休息，此时也可以看书与阅读，但上身活动已经受到一定的限制，因为工作状态需要身体前倾（图2-15、图2-16）；⑦人体从头至脚都有支撑，身体接近水平状态，所以体重均匀分布，肌肉得到完全的放松（图2-17~图2-18）。⑤~⑦对应的家具为各种休闲椅。此外还包括完全休息的状态，对应的家具为床。

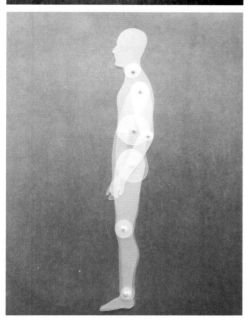

图2-3、图2-4 人体完全活动的状态及无倚靠的直立静止状态

图2-5、图2-6 人体处于凭倚状态及根据凭倚状态设计的可以在窗户边看风景的家具

图 2-3	
图 2-4	
	图 2-5	图 2-6

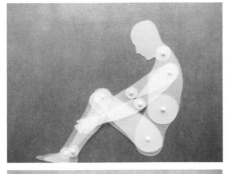 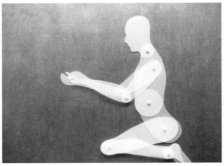 

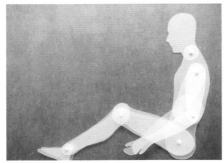 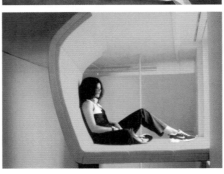

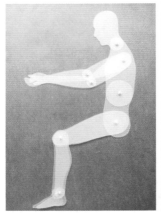 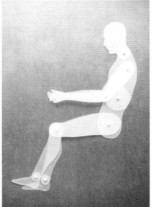 

图2-7	图2-8	图2-9
图2-10	图2-11	
图2-12	图2-13	图2-14
图2-15	图2-16	
图2-17	图2-18	

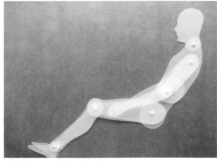 

图2-7~图2-9 人体作息状态及根据席地而坐的方式设计的家具

图2-10、图2-11 人体作息状态背部有依靠时的矮坐状态及与这种作息方式相适应的家具

图2-12~图2-14 人体作息状态、上身处于活动的姿势，对应的是有或无扶手的工作桌椅

图2-15、图2-16 人体作息状态，加强靠背的倾斜度，使人体得到进一步的休息，所对应的是各种休闲性质的坐具

图2-17、图2-18 人体作息状态，人体从头至脚都有支撑，身体接近水平状态，对应的家具为躺椅

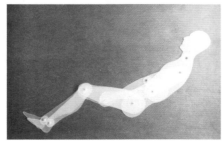 

图2-19、图2-20 "人体是完美的，它是经过长年进化后而形成的，因此设计椅子时最为简单的方法之一，就是把椅子设计成像人体一样柔软和有机，再根据需要进行修饰。"——库卡波罗，根据人体不同造型的背部曲线变化来合理设计家具的支撑面是保证人体获得舒适的常用方法

图2-19

图2-20

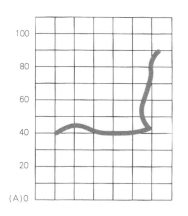
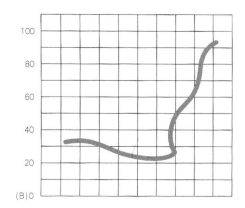

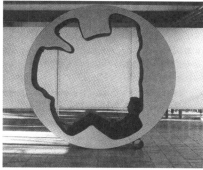

图2-21	图2-22	图2-23
	图2-24	图2-25

图2-21~图2-25 设计师根据人的不同作息状态所形成的人体曲线设计了名为"管子"的家具，使用时，只要转到合适的角度就可以满足不同的坐卧需求

2.4　家具设计中人体尺度的应用

2.4.1　坐卧类家具

坐与卧是人们日常生活中最重要的行为，因此也有众多的坐卧类家具（如椅、凳、沙发、床等）与之相对应。由于人坐、卧的姿态具有很大的变化性，因此坐卧类家具的适用尺度应当细分，不可笼统对待。

1．坐具的基本要求

坐具有两大类型，一是工作类坐具，二是休闲式坐具。工作类座椅的中心任务是提高工作效率，同时考虑减少人体疲劳。这类家具包括靠背工作椅、扶手工作椅等。由于工作状态中，人的身体前倾，所以重量全部集中在坐垫上，设计时应考虑适当的分散压力以缓解疲劳。休闲类的座椅主要目的是放松人体，因此设计时应考虑使人的关节、肌肉放松，使人体的姿势自然，重量均匀分布（图2-19、图2-20）。

无论是工作用椅还是休闲用椅，都应具有合适的坐高、坐深、坐宽、靠背的高度及合理的坐面与靠背之间的倾斜度（图2-37、图2-38）。

坐高：指坐面与地面之间的垂直距离。椅子的坐面常常向后微倾，通常以前坐高为椅子的坐高。坐高应适度，如果坐高过高，则使用者双脚悬空，腿的重量压迫大腿的血管，影响血液循环，使人感到疲劳。一般而言，工作用椅要比休闲用椅略高。

坐深：坐深指坐面的深度，它与坐高成反比，坐高越大的椅子坐深越浅。因为较矮的椅子一般用于休闲，故将纵深加大，以满足使用者上身逐渐变成水平状态的需要，而工作中的使用者，常常是挺直腰部，故坐深只需有股部至臀部的纵深即可。

坐宽：指椅子坐面的宽度，坐面前沿称坐前宽，后沿称坐后宽。坐面的宽度应能容纳整个臀部，并要留有一定的裕量。联排椅的坐宽要考虑并排坐的人有一定的自由活动的空间，故要考虑两人双肘的尺度。

靠背高度：对于一般的工作用椅而言，靠背的高度不宜过高，通常以不超出肩部高度为宜，有的仅在腰部第一节椎骨后加以支托。而休闲用椅靠背的高度多高出肩部，使头部也有依托。

靠背倾斜度：休闲用椅的靠背倾斜度比工作用椅要大，这样可以使得人体向后倾斜，使背部分担臀部的压力从而获得舒适感，而工作用椅的靠背倾斜度应接近垂直状态，从而增加上半身的灵活度，提高工作效率。

扶手高度：扶手安装于椅子两侧，其高度应较手肘略低，如果扶手过高则会影响使用者的活动范围。

除此之外，设计坐具时也需要从使用者的角度来考虑其他方面的要求，如坐具使用的灵活性和适应性、坐具功能的多样性、是否方便储藏和搬运等（图2-21~图2-36）。

图2-26、图2-27 比利时设计师设计的TAB椅。后折的靠背有别于一般的样式，它为使用者提供了多种休闲姿态的可能，这种灵活多样的使用方式是该椅设计的最大亮点

图2-26 ┃ 图2-27

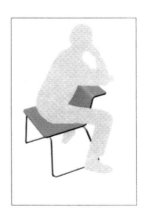

图2-28 挪威设计师Peter Opsvik
设计的椅子。这是为不同年龄阶段的
孩子设计的椅子，通过坐面高度的调
整，满足了成长中身高不断变化的孩
子的需求。因而该椅可以看成是高适
应性设计的代表

图2-29 这款坐具的设计选择了富
有弹性的材料，使用者在落坐时可以
获得良好的体压分布，从而分散了臀
部压力，增加了舒适感

图2-30 椅面后部的弹簧是整个设计
的亮点，它可以根据使用者的体重获
得不同的坐面倾斜度

图2-31、图2-32 这把椅子在打扫
地面时可以很方便地搁在桌面上，设
计师在这个细节的处理上，充分考虑
了实际使用时的功能性要求

图2-28	
图2-29	图2-30
图2-31	图2-32

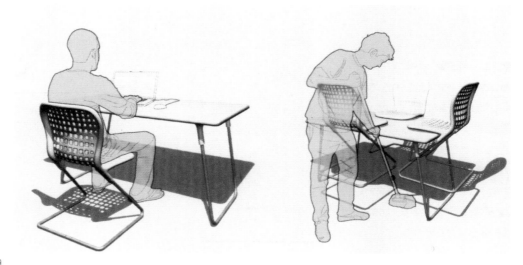

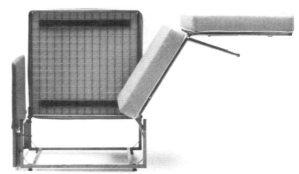

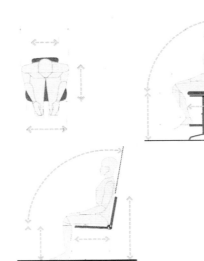

图2-33	图2-34
图2-35	图2-36
图2-37	图2-38

图2-33、图2-34 家具设计在节省储运空间的方面主要通过三种方式来实现：层叠、折叠和拆装

图2-35、图2-36 可以通过折叠、拉伸等方式改变使用功能的家具满足了使用者多变的实际需求，也节约了空间

图2-37、图2-38 家具设计时应测量一系列尺寸的图示

2. 坐具的适用尺寸（表2-2～表2-5）

表2-2　　　　　　　　　　办公家具标准尺寸　　　　　　　　　　单位：mm

参数名称	男子	女子
坐高	410～430	390～410
坐深	400～420	380～400
坐前宽	400～420	400～420
坐后宽	380～400	380～400
靠背高度	410～420	390～400
靠背宽度	400～420	400～420
靠背与坐面倾斜度	98°～102°	98°～102°

表2-3　　　　　　　　　　轻便型休闲椅的参考尺寸　　　　　　　　　　单位：mm

参数名称	男子	女子
坐高	360～380	360～380
坐宽	450～470	450～470
坐深	430～450	420～440
靠背高度	460～480	450～470
靠背与坐面倾斜度	106°～112°	106°～112°

表2-4　　　　　　　　　　标准休闲椅的参考尺寸　　　　　　　　　　单位：mm

参数名称	男子	女子
坐高	340～360	320～340
坐宽	450～500	450～500
坐深	450～500	440～480
靠背高度	480～500	470～490
靠背与坐面倾斜度	112°～120°	112°～120°

注：轻便型休闲椅与标准休闲椅相比，前者体量较小，后者较为厚重。

表2-5　　　　　　　　　　扶手的参考尺寸　　　　　　　　　　单位：mm

参数名称	工作椅	休闲椅
扶手前高	距坐面250～280	距坐面260～290
扶手后高	距坐面220～250	距坐面230～260
扶手的长度	最小限度300～320	400
扶手的宽度	60～80	60～100
扶手的间距	440～460	460～500

3. 卧具的基本要求

人在仰卧时，从人体的骨骼与肌肉的结构来看，不能看作是站立的横倒，应顺应脊椎自然形态的仰卧姿势，使腰部与臀部压陷略有差异。床是否能消除疲劳，除了合适的尺度外，还取决于床的软硬度是否能使人的卧姿处于最佳状态。为了使体压得到合理的分布，床垫的弹性是关键，一般采用三层结构：与人体接触的面采用柔软的材料，中层使用稍硬一些的材料，最下一层以稍软的材料起缓冲作用（图2-39）。

床宽：床宽直接影响到人睡眠时的翻身活动，人们在窄床上翻身次数比在宽床上要少，这是害怕翻身掉下的心理影响。床的宽度以仰卧姿势为准，通常为仰卧时人肩宽的2.5～3倍。

床长：床的长度一般指床框架内的净尺寸，根据人体的身高来决定。

床高：床高与坐高应一致，双层床的高度应考虑到下层使用者在床上能完成睡眠前床上的动作（图2-40~图2-42）。

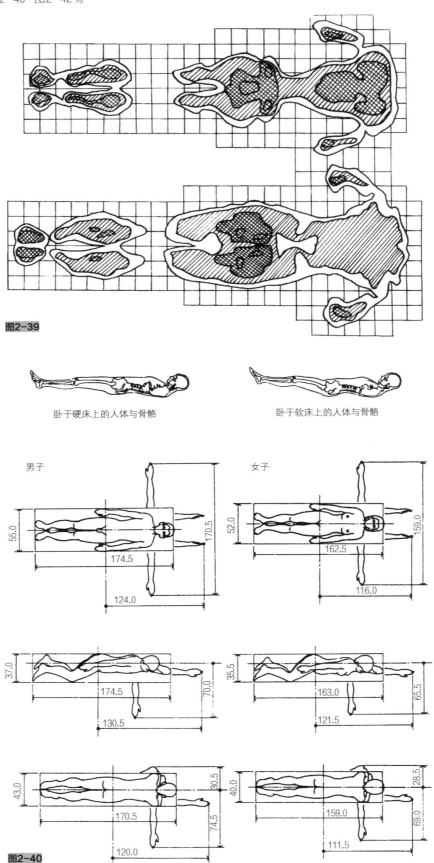

图2-39

卧于硬床上的人体与骨骼　　　　　卧于软床上的人体与骨骼

男子　　　　　　　　　　女子

图2-40

图2-39 人体仰卧时的重力分布

图2-40 各种卧姿和基本尺寸

图2-41、图2-42 各种双人床的造型

4. 床的适用尺寸（表2-6～表2-8）

表2-6　　　　　　　　　　　双人床常用尺寸　　　　　　　　　　单位：mm

参数名称	床长	床宽	床高
大	2000	1500	480
中	1920	1350	440
小	1850	1250	420

表2-7　　　　　　　　　　　单人床常用尺寸　　　　　　　　　　单位：mm

参数名称	床长	床宽	床高
大	2000	1000	480
中	1920	900	440
小	1850	800	420

表2-8　　　　　　　　　　　儿童床常用尺寸　　　　　　　　　　单位：mm

参数名称	床长	床宽	床面高	栏杆高
托儿所大班	1100	600	400	900
中班	1050	550	400	900
小班	900	550	600	1000
幼儿园大班	1350	700	300	500
中班	1250	650	250	450
小班	1200	600	220	400

2.4.2　凭倚类家具

凭倚类家具包括人在坐着时使用的餐桌、写字台、课桌、绘图桌、梳妆台、茶几等，以及站立时使用的柜台、讲台、陈列台等。凭倚类家具的主要功能是辅助人体活动和适当存放物品。

1. 坐式用桌的基本要求

桌高：合理的桌高是与椅子的坐高保持一定的尺度配合关系的。桌高为坐高与桌椅高差之和（一般为1/3坐高），通常桌高的范围在700～750mm。如果桌子过高容易引起脊椎侧弯、眼睛近视；桌子过低也容易使人驼背，背部肌肉容易疲劳，同时腹部受压，妨碍呼吸和血液循环。

桌面：桌面应以人坐立时两手可达到的工作范围为基本依据，并考虑桌面可能放置物品的性质与大小。如果是多人用桌，要考虑使用者彼此之间需互不影响，有的桌子如阅览桌、课桌等最好有约15°的倾角，以获得舒适、开阔的视域（图2-43）。

桌下空间：为了保证两腿在桌下能够放置与活动，桌面下的净高应高于两腿叠置时的高度，所以抽屉不能过低（一般在腿上方设置100mm的薄抽）。而两旁的抽屉高度一般不小于50mm，不大于160mm（图2-44）。

2. 站式用桌的基本要求

高度：站立用桌的高度由人站立时自然屈臂的肘高来确定，一般以910～960mm 为宜，而厨房的整体橱柜因考虑多为妇女使用，所以高度多为850mm 。

桌下空间：桌下空间一般考虑收藏物品，所以多做成柜体，但底部需要有放脚的空间。一

图2-43 人体坐姿时双臂所能达到的水平尺度

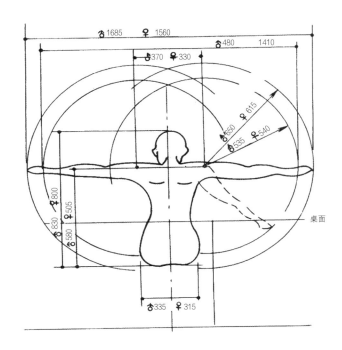

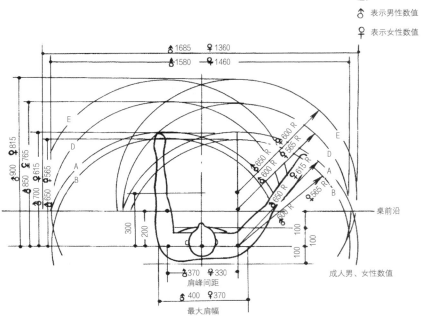

注：
♂ 表示男性数值
♀ 表示女性数值

成人男、女性数值

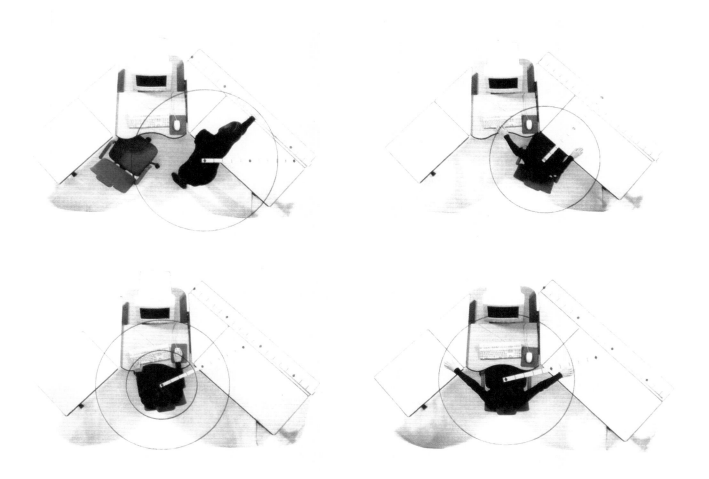

图2-44 设计工作桌时应充分考虑使用者可能发生的行为动作,以及这些动作对桌面的长、宽、角度等的影响

图2-45 收纳类家具

图 2-44
图 2-45

一般置足空间的高度大于80mm,深度在50～100mm。

2.4.3 收纳类家具

收纳类家具是主要用来收藏、储存物品的家具,一般包括衣柜、壁橱、书柜、电视柜、床头柜等(图2-45)。

1. 收纳类家具的基本要求

存放日常生活用品的家具,应根据以下两点来设计:一是按人体工程学的原则,根据人体的活动可及范围来安排;二是根据物品的使用频率来安排存放的位置。这个尺度是以人站立时,手臂的上下活动范围为依据的。一般来说,从地面算起,高度在600×1650mm的范围使用最方便,可以将常用物品存放在该区域。

2. 收纳类家具的参考尺寸

高度:一般分为三个区域,第一区域为从地面至人站立时手臂垂下指尖的垂直距离(600mm以下);第二区域为从指尖至手臂向上伸展的距离(600～1650mm);第三区域为上部空间(1650mm以上)。通常,第一区域放置重量较重但不常用的物品,第二区域放置常用的物品,第三区域放置不常用的较轻的物品(图2-46)。

宽度:宽度无固定要求,一般以800mm作为基本单元。

深度:衣柜类深度多为550～600mm,书柜为400～450mm为宜。

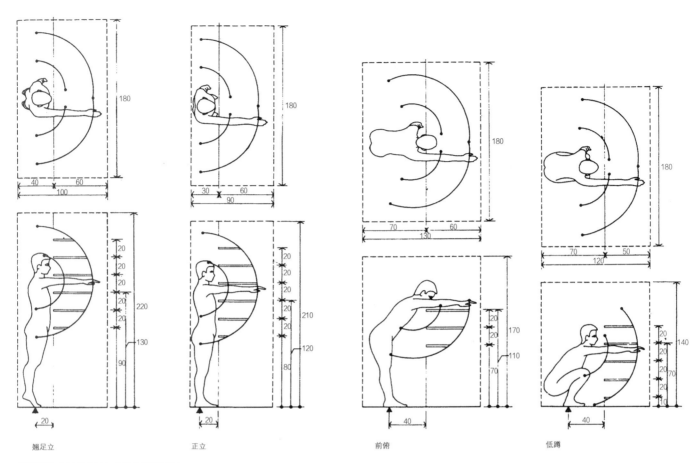

图2-46 收纳类家具与人体的尺度关系

翘足立　正立　前俯　低蹲

2.5　人的心理因素与家具设计

传统的家具设计在考虑人与家具的关系时往往只局限于尺度的范围，实际上，人的心理因素对家具在造型、选材、用色方面有诸多的影响。其中由视觉引起的心理要素对家具设计产生了尤为重要的影响。本节从形状与色彩这两个主要的视觉要素来讨论家具的形与色对使用者心理的影响。

2.5.1　家具的造型与人的心理

点、线、面、体是家具造型的基础，任何家具的造型都可以看成由点、线、面、体这些基本形态组合或分割而成的。在家具设计时，家具最终以何种外在形态展现在大家面前，它们的长、宽、高的比例如何，这些都对使用者的心理产生了极大的影响。

1. 点

点是一切形式的原发物。几何上的点是没有大小和形状的，但在家具形态中的点既有位置，又有大小和形状。一般认为，点的形状是圆的，不过三角形、矩形或不规则形，只要它与对照物相比显得很小时，都可以视为点（图2-47、图2-48）。

点在家具设计中起到装饰和点缀的作用，许多家具的拉手都呈现出点的特征，它们会给家具的正立面加上变化的表情。单个的点会形成注意力的中心，成串的点又暗示着线的存在，多点群化的状态下，会使人产生面的感觉（图2-49）。

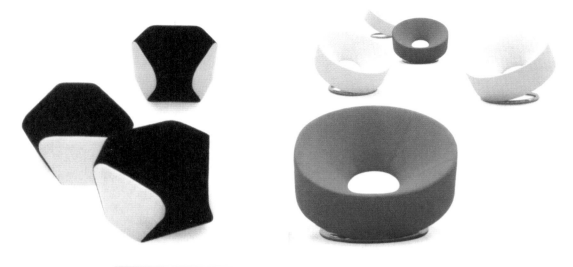

图2-47、图2-48 呈现出"点"的特征的家具一般体量较小，式样简洁单纯，它们与所放置的空间形成对比而使人产生了"点"的心理印象，事实上，它们本身可视为各种圆形、方形或多边形的小体块

图2-49 家具上的拉手往往呈现出点的特征，它们装饰和点缀了家具的艺术效果

图2-50~图2-52 以线的形式为造型的家具使人觉得家具的体量轻盈，便于移动。曲线家具柔软、流动感强，直线家具干练而纤秀

2. 线

　　线是点移动时形成的轨迹，具有表达运动、方向和生长的能力。线有粗细、长短、曲直之分。一般说来，直线给人以单纯、明快、干练、强硬的心理感觉，粗直线厚重而坚实，细直线敏锐而纤秀。曲线使人觉得优雅、温和、柔软和具有流动感，自由曲线往往形成有机的形态，变化多端，有明显的个性。以线的形式为造型的家具往往形成框架结构，使人觉得轻盈，而且在不同的光照下，会产生变化的影子，使整体形象更丰富（图2-50~图2-52）。

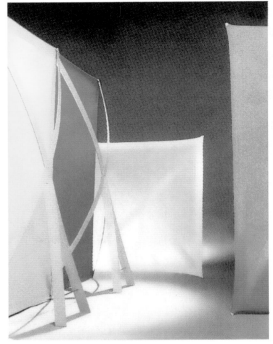

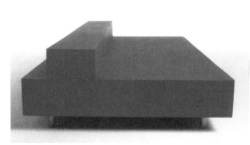

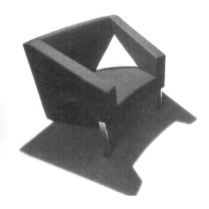

3. 面

面是点的扩大或线平移后的结果。一般我们把面分成平面和曲面两类，面的形状分为几何形与非几何形两种。几何形的平面具有理性和秩序感，有较为明显的转折边界；而非几何形的平面是自由的形状，个性鲜明，往往让人觉得怪诞和随机。用几个面互相拼搭而形成家具是常见的造型，在吹塑成型的技术发明后，用塑料一次性地制成曲面使现代家具充满雕塑感（图2-53~图2-55）。

4. 体

一个面不沿着它自己表面的方向扩展时即可形成体。体可以是实在的，也可以是虚空的。块状所取得的心理特征是能明显地与外界区分，成为一个占有空间的封闭性的量块，给人的印象是稳重、安定、耐压。

家具的体块构成形式为组合与分割。组合是单体的聚集，组合方式的不同可以产生不同的样式；分割是另一种重要方法，指在造型时，去除整体中的某一部分而形成体块感（图2-56~图2-58）。

2.5.2 家具的色彩与人的心理

色彩是视觉的第一要素，能最有效地唤起人们不同的心理感情。当我们为家具进行色彩设计时既要考虑到这种色彩是否能反映出设计者的创作思想，同时也要考虑目标人群对色彩的喜好。

比如为儿童设计的家具色彩应鲜艳一些、活泼一些；而为老年人设计的家具则应选择温暖的灰色系列。当然人们对色彩的喜好也会随着某个时期时尚潮流的变化而变化，这增加了色彩设计的复杂性，但是各种颜色在人们心理所产生的反映及其具体与抽象的联想一般不会随时间改变而改变。设计者能否根据这些色彩，考虑到人的心理感受同时兼顾考虑目标人群与使用场合，是家具色彩方案是否成功的关键。

红色：一般而言，暖色与高纯度的色彩在视觉上是活跃而富有刺激性的色彩。红色就是这种颜色的代表。它让人们联想到太阳、鲜血或中式婚宴，有着热情、喜庆、革命的语意，有时也表现出危险的信号。如果你想获得一个夺人眼球、令人瞩目的效果，正红色是不错的选择。

粉红：粉红是红色到金黄过渡的第一色域。这个色域中有多个不同层次，而粉红是最敏感的一层。它的纯度与正红相比有了明显的下降，但又保持了红色的某种特性。羞涩和甜美感是其语意，如果想获得一个暧昧和浪漫的效果，可以选择粉红色。

橙色：橙色代表初升的太阳，温暖而充满活力，是欢呼、喜悦的象征。从心理角度来讲，它喜悦、外向、充满智慧，很灿烂。与橙色相关的水果，如橙子、木瓜等都是甜美的果实，所以它让人们感到温暖，拥有好心情。如果你想营造一个欢快的环境，可以选择橙色。

黄色：黄色是春天、夏天、秋天的三重主角，它很灿烂，代表高兴、新鲜和友谊，可以让人联想到明亮的事物，也有一种娇弱的感觉。它可以作为一种神秘的暗示，充满悬念。在中国，黄色还代表了最高权力。使用黄色可以获得明朗、活泼的感受。

绿色：绿色是模糊而矛盾的颜色。它将黄色的高兴与蓝色的谦虚与冷凝感融合在一起。绿色同样会使人产生和平与平静的感情，最具乡村感。它显得很新鲜，然而绿色又与霉菌相联系，它是视觉最敏感的色彩却也成为最常见的伪装色。绿色是生命与和平的象征，却也最常用于军队，因此绿色的语意是非常矛盾而复杂的。

蓝色：蓝色带有冷的光感，反映了内省和思考。它代表了无限、放松和深沉的感情，蓝色使人呼吸节奏稳定、血压平衡，让人感到和平与安全。在古代文明（古埃及、古巴比伦和古希腊）中蓝色代表神圣。

黑色：黑色是色彩的反面，反映着一种提炼与排他。黑色常常代表一种黑暗与邪恶，它被那些希望区别于其他人和远离普通和平凡的人所欣赏。黑色是叛逆的代表色，是坏征兆的表示，比如死亡。在非洲，人们认为黑色与邪恶相连，所以他们只穿彩色的衣服，而在西方国家，黑色有时代表优雅。

白色：白色与黑色相反，是一切光的融合，一切色彩都是从白色中分离出来的。白色是纯粹的象征，它能包容百色，却又非常单一。喜爱白色代表了一种挑剔，一种拒绝色彩却又热爱色彩的内在希望，它代表了圣洁、神圣和无限。

2.5.3　家具的质感与人的心理

家具的质感指家具表面质地的感觉（包括触觉与视觉），例如材料的粗密、软硬、光泽等。

每一种材料都有它的质地，它给人们以不同的心理感受，如金属的硬、冷，木材的韧、温，玻璃的晶莹剔透等。家具材料的质地感可以从两个方面来把握：一是材料本身所具有的天然性质感；二是对材料进行不同的加工处理后所显示的质感。前者如木材、金属、竹藤等，由于质感的差异可以获得各种不同的家具表现特征。如木质家具因其具有自然的纹理给人以亲切、温暖的感觉。而金属家具则以高光泽度、更多地表现出一种工业化的现代感。后者指在同一种材料上，运用不同的加工处理可以得到不同的工艺效果。如对木材进行不同地切削加工处理可以显出不同的纹理组织，对竹藤进行不同的编织处理，也表现出不同的美感效果。

在家具设计中也可以使用几种不同的材料相互配合，产生不同质地的对比效果，从而引起人们不同的心理感受。

课题设计：为儿童的设计

[设计内容]

家具是为人服务的，设计家具时应充分考虑到使用者的需求。这个练习要求针对在身高、心理方面都具有特殊性的群体——儿童（4～6岁）来设计家具。在这个练习中，学生在考虑家具外形的同时更要应用人体工程学的知识。好的儿童家具应该是使用方便、安全、舒适，并且是他们的朋友或是游戏的对象。

[命题要点]

1. 为儿童的设计——改变以往以自我为中心的设计方法，从儿童的视角出发在充分考虑儿童的生理与心理的需求的基础上寻求新的创意点。

如：他的需求：是坐的、睡的，还是游戏时使用的

他的喜好：是什么造型、颜色、什么风格、什么材料

他的尺度：身高、坐高等

2. 考虑使用的地点——在幼儿园使用还是在家里使用；在户内使用还是在户外使用。如果是多人使用的情况下，可以考虑单元化的设计。

3. 儿童家具在设计时要特别考虑产品的安全性，如材料使用是否散发有毒气味、家具应防止侧翻或倾倒，对于年龄偏小的孩子，家具上应设置扶栏等。

4. 使用和造型的趣味性也是应考虑的重要因素。

[注意点]

这个练习仍属概念化设计训练，学生应充分发挥自己的想象，而不需过多地考虑制作与成本的问题。在外形与功能上的创新，对目标人群的调查分析，设计中所表现出的对他人的关注程度，以及考虑问题的全面深入状况，是评价的关键。

要求保留所有设计环节中的草图，充分展示设计的过程。

[时间安排]

共4周

第1周：查找资料和设计对象分析、构思草图。

第2周：方案讨论。

第3周：方案的推敲——三视图、效果图的制作。

第4周：设计过程的整理和后期文本的制作。

测量项目	百分位	全体 N=102			男 N=49			女 N=53		
		5	50	95	5	50	95	5	50	95
中班（5~6岁）										
身高	3.2.1	1026	1104	1182	1026	1107	1182	1028	1100	1173
眼高	3.2.2	902	979	1056	896	962	1067	911	976	1041
肩高	3.2.4	805	874	943	801	877	951	821	871	930
会阴高	3.2.7	394	445	496	392	445	498	401	446	491
手功能高	3.2.12	408	457	507	404	458	513	414	456	497
双臂功能上举高	3.2.14	1167	1260	1354	1166	1266	1367	1171	1252	1334
坐高	3.3.1	559	604	650	558	606	654	560	602	645
坐姿肘高	3.3.7	129	152	175	127	151	174	133	155	177
小腿加足高	3.3.10	231	253	275	232	255	279	231	250	269
坐姿大腿厚	3.3.9	75	93	111	73	93	113	78	93	108
坐姿臂宽	3.3.20	191	212	232	191	211	232	192	212	233
坐深	3.3.17	240	262	265	234	261	284	244	265	285
臀膝距	3.3.16	316	346	375	315	345	374	317	347	376
坐姿下肢长	3.3.19	557	605	653	557	606	655	558	604	650
上肢前伸长	3.3.13	475	521	567	474	523	572	476	518	559
前臂加手前伸长	3.3.11	275	305	334	274	306	338	277	302	327
两膝宽	3.3.22	131	149	166	132	149	167	130	147	164
两臂展开宽	3.2.16	960	1067	1174	955	1073	1192	972	1059	1146
最大肩宽	3.2.22	286	312	349	285	314	342	286	310	334
两肘展开宽	3.2.18	532	518	630	528	583	638	540	579	619
胸厚	3.2.25	130	147	165	131	148	166	130	146	163
胸围	3.2.31	576	623	670	576	627	677	577	617	656
腰围	3.2.33	551	607	664	551	608	665	551	606	662
臀围	3.2.34	543	556	660	542	603	663	545	600	656
手长	3.4.1	120	132	144	120	132	145	121	131	142
足长	3.4.4	150	166	181	151	167	184	151	163	175

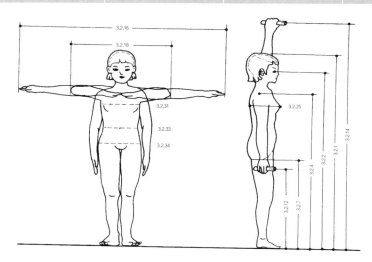

附图 上海市区幼儿园人体测量简图（一）

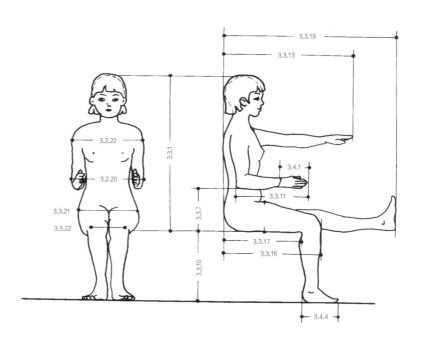

附图 上海市区幼儿园人体测量简图（二）

学生作业示例

示例一：摇摇椅　　设计：吴梦茜

设计简评：

　　这把椅子的设计构思源于儿童玩具——不倒翁，利用了不倒翁可以左右摇晃但不会倾倒的特点，为儿童提供了一个可以游戏又相对安全的椅子。本设计形象卡通，外壳使用色彩鲜艳的塑料材质，内部用丝绒等软质材料制作椅垫，材质上的对比既考虑到儿童的喜好也提供了必要的舒适性。设计者为椅子球形主体所设计的四种不同形式的开口可以提供给儿童多种不同的使用方式。

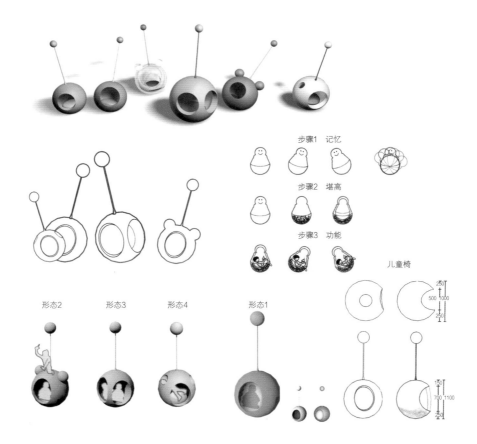

示例二：组合魔方　　设计：黄茜茜

设计简评：

这是专门针对4～6岁的儿童设计的一套儿童家具，包括桌、椅、玩具柜、架板等。设计运用拼图的手法处理木材，使得在加工时可以做到尽量地节约材料。整套家具的形态如同一群小朋友在玩耍拼图，形象可爱。此外，在该套家具的设计中，设计者充分考虑到使用上的安全性，所有的转折处都回避了尖锐的直角，片状的结构可以使家具叠置起来，从而节约了空间。

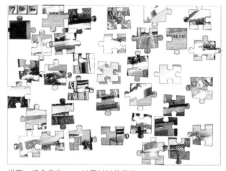 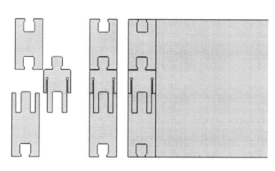

拼图：组合变化　　对原材料的节省　　　　　　　　　　采用人形是为了迎合小朋友的心理

方案

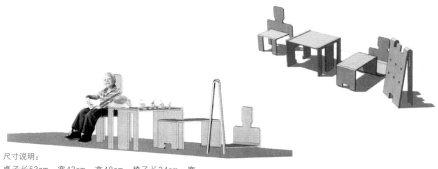

尺寸说明：
桌子长53cm、宽43cm、高48cm，椅子长34cm、宽35cm、高55cm，椅子离地30cm，架板高80cm

示例三：Mide My Height　　设计：武赟

设计简评：

本案设计了一个能伴随儿童成长而成长的家具。根据资料表明，在4～6岁的儿童教育中，对兴趣和良好习惯的培养是教育的主要方面。设计者认为儿童家具也应该是一个能让孩子知道"整理""收集"概念的产品。这个设计把孩子的成长与植物的生长联系起来，在造型上选择了竹子作为造型设计的"母体"，家具由若干个带有刻度的单元组合而成。随着儿童身高的变化，单元可以任意组装、升高，只要进行简单的拆分即可符合不同大小的场地限制。单元内部可以收纳小型物件，提供了储存空间；单元上所标识的刻度也让儿童在玩耍中发现自己身高的变化，使它成为孩子长大后记忆情感的载体。

 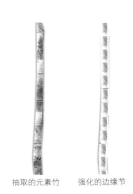 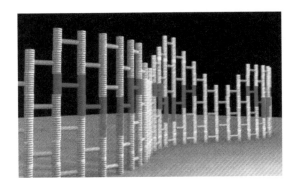

一个好的儿童家具应该是孩子的好伙伴
他伴随了孩子成长的过程，随着孩子的
成长，他也在"生长"着

抽取的元素竹　　强化的边缘节

一个小块，一把小伞

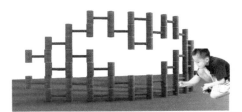

一些小块，钻着钻着时间就过去

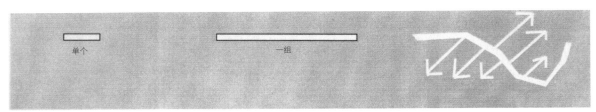

单个　　　　　　　　一组

扭曲后收纳空间的产生

传统身高尺：
准确，孩子不易自己测量

 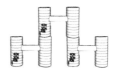

积木式带刻度的家具：
让孩子在玩的过程中就可以发现自己的高度变化的过程

世界卫生组织有关0～6岁儿童的身高标准		
年龄	身长（cm）	
	男	女
初生	50.5	49.9
1个月	54.6	53.5
2个月	58.1	56.8
3个月	61.1	59.5
4个月	63.1	62
5个月	65.9	64.1
6个月	67.8	65.9
8个月	71	69.1
10个月	73.6	71.8
12个月	76.1	74.3
15个月	79.4	77.8
18个月	82.4	80.9
21个月	85.2	83.8
24个月	87.6	86.5
2.5岁	92.3	91.3
3岁	96.5	95.6
3.5岁	99.1	97.9
4岁	102.9	101.6
4.5岁	106.6	105.1
5岁	109.9	108.4
5.5岁	113.3	111.6
6岁	116.1	114.6
6.5岁	119	117.6

根据世界卫生组织提供的数据，4～6岁儿童身高往往在
100～120cm范围之间，我们所设计的家具，既要在单体
上考虑到每个的尺度，即与孩子的手掌尺度接近，便于
使用游玩，还应该注意整体组合出来后符合孩子臂高所
及的范围

第3章

家具与环境

本章简介： 家具是室内环境的重要组成部分，它在空间组成、环境氛围的营造等方面发挥着重要的作用。本章主要围绕环境与家具的关系进行分析，帮助学生在空间设计的前提下设计出与环境相符合的家具。

教学目标： 1. 学生能够了解家具在室内环境中的作用；
2. 学生可以掌握家具在环境中的一些常用布置方式；
3. 学生可以根据不同的室内功能要求及室内环境风格设计出与之相匹配的家具。

图3-1 利用家具来分割空间，使家具设计成为环境设计的一个重要部分。本图为法国郎香集团的拉美森专店的货架设计，货架从天空中垂落，既延续了该店绸带浮动的设计概念，又起到了空间分割的效果

3.1 家具在室内环境中的作用

家具对室内环境设计中的空间组织与利用、室内氛围的营造及展现使用者个性等方面发挥着重要的作用。具体表现在以下几个方面。

1. 明确环境的使用功能，识别空间的性质

几乎所有的室内环境（空间）在未布置家具前是难于付之使用和难于识别其功能性质的，可以说家具直接体现了空间的实用性质。家具的组织布置也是空间组织的直接体现，是对空间组织、使用的再创造。良好的家具设计和布置形式能充分反映空间的使用目的、规格、个人风格等，从而赋予空间一定的环境品格。

2. 组织和利用空间环境

利用家具来分割空间是环境设计中的一个重要内容。如在住宅设计中常常利用橱柜来分割房间，在餐饮店中利用桌椅来分割用餐区和通道，在商场利用货柜、货架来分割不同性质的营业区。在条件许可的情况下，利用家具来分割空间既可以减少墙体的面积也可以提高空间的使用率，在一定的条件下，还可以通过家具的灵活布置达到适应不同空间功能要求的目的（图3-1）。

3. 创造环境氛围，展现环境的艺术品质

由于家具在室内环境中占有很大比重，体量突出，因此家具的形象往往能

有效表达环境设计的思想和含义。从古至今，家具不仅是实用品也是艺术品，这已为大家所共识。家具材料的纹理选择、家具造型的曲直变化、家具尺度的大小选择、装饰的繁复或简洁，都可视为家具的语言，体现设计者的设计风格、思想和情感。

3.2 家具在环境中的布置方式

家具的类型和数量，应结合空间的性质和特点来确定，明确家具布置范围，达到功能分区合理。组织好空间活动路线，使动、静分开，分清家具的主、从地位，使之相互配合，主次分明。组织安排好空间的形式、形状和家具的组、团、排的方式，达到整体和谐的效果，在此基础上从布置格局、环境风格上考虑，使家具布置具有规律性、秩序性、韵律性和表现性，以获得良好的视觉效果和心理效应。家具在环境中的布置方式一般有以下几种方式。

（1）周边式：家具沿四周墙壁布置，留出中间的位置，空间相对集中，易于组织交通，为举行其他活动提供了较大的面积。

（2）岛式：将家具布置在中心部位，留出四周的空间。这样的布置能强调家具的中心地位，显示其重要性和独立性。如会议室中会议桌的布置。

（3）单边式：将家具集中在一侧，留出另一侧，使工作区和交通区分开。这样的布置功能区域分明，区域之间干扰小。

（4）走道式：将家具布置在两侧，留出中间的走道。

家具布置格局通常可以分为以下几种形式：

（1）对称式布置。家具对称布置显得空间庄严、静穆，通常适用于隆重、正式的场合。

（2）非对称布置。这种布置方式显得自由、灵活，适用于轻松、非正式的场合。

（3）集中式布置。适用于功能单一、家具品类不多，房间面积较小的场合。

（4）分散式布置。适用于功能多样、家具品种较多、房间面积较大的场合，组成若干家具组、团。

3.3 室内环境风格与家具风格的关系

设计家具时家具风格的确立往往受到使用环境风格的影响；与之相对应，环境风格的表现也在很大程度上依赖于家具的形式。首先，家具风格会受到建筑环境风格的影响。在家具发展史上，现代家具的发展与现代建筑的发展密不可分。许多建筑大师通常也是家具设计师，为了与他们自己设计的建筑风格相一致，他们也承担了室内设计的任务，设计出许多与建筑环境相协调的经典家具来。如前文所提到过的里特维德设计的红蓝椅就是与"施罗德住宅"相同的风格派的表现手法。密斯的巴塞罗那椅也与其所放置的世博会德国馆设计风格如出一辙。其次，家具是室内空间布局的主体，占据较大的室内空间。室内的气氛在很大程度上会受到家具的造型、色彩、肌理、风格的影响，所以家具设计在造型和功能方面均与室内外环境密切相关。

1. 传统风格与传统型家具

传统风格的空间环境往往是在室内布置、线型、色调等方面吸取传统装饰的"形"与"神"等特点，它给人们以历史的延续和地域文化的感觉，使室内环境突出了民族文化的特征（图3-2）。

图3-2 选择传统家具可以营造古典的氛围。家具的材料选择常使用红木等硬质木材，家具图案多为富有吉祥寓意的传统图形

传统风格也包括多种样式，如中国传统风格、日本和风、伊斯兰传统风格、地中海风格、西方古典主义等。

在这种传统风格的前提下，设计或选择家具必须具备一定的家具发展史的知识，选择与传统风格相匹配的传统型家具，或者在保留传统家具神韵的基础上对传统型家具进行一定的创新设计。

2. 现代风格与现代家具

现代风格起源于1919年成立的包豪斯学派。这种风格强调突破传统，创造新形式，注重产品的功能性，注意发挥结构本身的美，造型简洁，反对多余的装饰，崇尚合理的构成工艺，尊重材料的性能，讲究材料自身的质地和色彩搭配的效果。现代风格发展至今还演变出极简派、白色派等多种形式，他们各有特点但都贯彻了现代主义简洁、重功能的特点。

设计与现代风格室内环境相适应的家具要特别注意突出家具的使用功能，家具的造型简洁大方，多以几何形式为主；在材料的选择上，金属、皮革、合成板等都是常用的材质（图3-3、图3-4）。早期现代风格的家具设计大师出现于19世纪末20世纪初，包括布鲁尔、柯布西耶、阿尔托等人，他们设计的现代风格的家具至今仍被小规模的生产和使用。

3. 后现代风格与装饰性家具

后现代主义是一种对现代主义纯理性的反叛。这种风格强调建筑及室内设计应具有历史性的延续，但又不拘泥于传统的逻辑思维方式，探索创新造型手法，讲究人情味，常在室内使用夸张、变形的表现方法，以其创造一种融感性与理性、集传统与现代于一体的环境风格（图3-5）。

装饰性家具的兴起与后现代室内设计风格的流行密不可分。这种风格的家具除了实用功能方面的考虑外，特别强调家具造型方面的要求。比如家具外观对使用者感观方面的影响，家具造型是否反映地域特征及历史的延续，家具的外形设计是否体现了设计师的个性及艺术取向

图3-3、图3-4 现代主义风格的家具与环境设计。家具的造型简洁大方，多以几何形式为主

图3-5、图3-6 后现代主义风格的家具与环境设计

图3-3	图3-4
图3-5	图3-6

等。装饰性家具通常具有夸张、变形的外观，多以流线型的有机造型为主，有时家具的造型类似于艺术品（图3-6）。在功能性方面，装饰性家具除了具有常规的使用功能外还通常使用游戏、讽刺、夸张、强调等多种设计手法，令使用者感到精神方面的愉悦。装饰性家具所使用的材料是多种多样的，现代生活中的任何材料都可以被设计成样式独特的家具。

4. 自然风格与质朴的天然材料家具

自然风格（也包括田园风格）倡导"回归自然"，美学上推崇"自然美"，认为只有崇尚自然、结合自然，才能使人们在当今高科技、快节奏的社会生活中获得生理与心理的平衡。

自然风格的室内多用木料、织物、藤、竹、石材等天然材料制作家具。这种家具显示材料的自然纹理，清新淡雅；在制作工艺方面多采用传统手工工艺，突出家具的原始、自然等特征。

5. 混合型风格

近年来，室内环境设计在总体上呈现出多元化、兼容并蓄的状况。室内布置中既趋于现代实用，又吸取了传统特征。在装潢与陈设中融古今中外于一体，现代风格的墙面与门窗可以搭配传统风格的家具，而现代的新型家具也可以与古典的灯饰和墙面装饰相匹配。混合型风格在设计中不拘一格，可以运用多种体例，因此在设计家具时也可混合多种风格。这里以美国设计师Karim Rashid的概念设计"未来的家"为例，简述家具与环境的关系。在这个概念设计里，设计师分别以"头脑""身体""灵魂"为主题，将整体空间分为三个部分。整体空间以现代及后现代风格和超现实作为主要环境设计氛围，但又根据具体的空间形状、功能要求和主题思想各自设计了不同的家具造型，显示了空间与家具的密切关系（图3-7~图3-9）。

"头脑"区域是一个起居空间，代表了玩耍、工作、放松、社交、忙碌、学习、阅读与互动，是所有工作与活动的核心。它由一个有机形态的大空间构成，兼有会客与办公的功能。设计师以圆形的下沉式会客区、流线型配套沙发、办公桌椅和银色的投影墙为一组家具进行统一设计。与空间的形状相配合，所有的家具造型都是有机的、流线型的，显示出后现代的设计风格。色彩上则统一成黑白两色，从而使空间氛围不至于太过活跃，用户能够安静地工作与交谈（图3-10~图3-12）。

"身体"区域由用餐区和洗漱区组成，代表了吃饭、清洗、身体健康、穿衣打扮。这是一个造型规整的长方形空间，与这个形状相统一，设计师采用了几何形态的家具造型，银色的铝材作为长方形餐桌椅的表面材质，表现了一种极简主义的现代风格。但是为了配合用餐时的轻松氛围，设计师也在空间中点缀了粉红与浅绿色图案的墙纸与地毯，冲淡了现代风格过于冷漠的气氛（图3-13、图3-14）。

"灵魂"区域具有卧室和健身房的功能，代表了沉思、睡眠和重新焕发生机。由造型怪异的床、休闲沙发、电视柜组成家具系列。这个空间的造型也是有机的，在色彩上显示出既丰富多彩又安静沉稳的氛围（图3-15、图3-16）。

三个空间的家具造型既各有特点又相互关联，为整个概念设计营造出一个超现实的、年轻的、装饰的空间风格。

又如英国设计师阿拉德为山本耀司服装在东京的专卖店所做的购物空间设计，该设计中强调和突出了与众不同的货架与柜台（图3-17）。在货架的设计中，每一个货架的底部都加入了一个转盘，从而展现出一种雕塑般的动态展示单元。它由34个彩色铝制圆环重叠组成，从地板延伸至天花板（图3-18）。圆环可以承受得住挂有衣物的衣架，而且每个圆环都可以不同的速度旋转，从而使顾客产生一种愉悦与兴奋的视觉感受（图3-19）。柜台被设计成由

图3-7～图3-9 空间的形状与整体布局

图3-10～图3-12 "头脑"区域的家具造型与空间设计

图3-7	图3-8
图3-9	图3-10
图3-11	图3-12

一垛软皮铁盒组成的倒金字塔形，表面漆以鲜红的色彩，内部设置隐蔽的抽屉和可以抽出的架子，柜台选用的金属材料也是为了与店内的圆环货架的质感相呼应（图3-20）。整个专卖店迎合了那些20多岁追求时尚的年轻消费者的心理需求，与众不同的家具设计更是将这群消费者那种喜欢张扬的个性与高调的生活观念诠释得淋漓尽致。

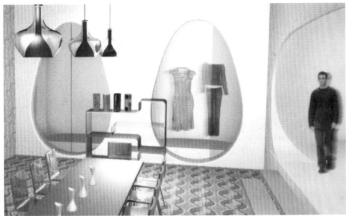

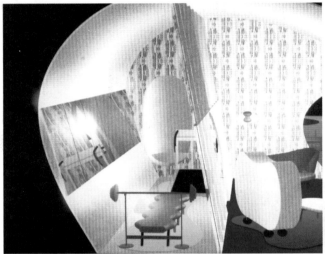

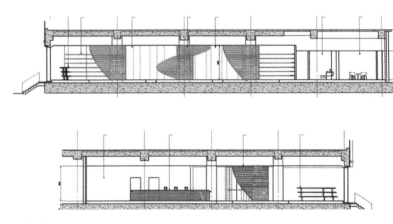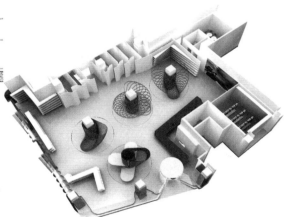

图3-13、图3-14 "身体"区域的家具造型与空间设计

图3-15、图3-16 "灵魂"区域的家具造型与空间设计

图3-17、图3-18 专卖店的立面图和设计效果俯瞰图

图3—13	图3—14
图3—15	图3—16
图3—17	图3—18

3.4 城市家具与公共环境

当我们将一个城市视为一个相对完整的环境时，那些在城市中为人们提供各类活动便利的室外家具系统和辅助系统便可以被视为某种特殊意义的家具，我们称之为公共家具，又称城市家具，指的就是公共环境设施，英语为"Street Furniture"，直译为"街道的家具"，缩写为"SF"。在本书中主要包括公共座椅、桌子、路灯、垃圾箱、饮水器、指示牌、护栏等。这些公共家具担负着休憩、服务、美化和传递信息等基本功能，满足人们的使用需要，而且它们很容易与人发生互动，是最容易创造亲近环境的元素之一。公共家具能够加强环境的区域特征，甚至在一些城市，公共家具本身已成为一种标志物。

1. 公共家具的品类

（1）公共座椅。观赏、休息、谈话和思考是公共坐具的主要服务内容（图3-21、图3-22）。这些功能对坐具的安放位置、数量、造型等要素都有一定的影响。由于室外空间比较开敞，公共座椅应设置在相对安静的角落并能提供较好的观赏条件。它们的造型比较自由，可与树木、花坛、廊亭等设施结合，座椅附近宜配置饮水器、垃圾箱等辅助设施。提供观赏、休息的座椅应设置在与行人路径相近的位置，性质较为开放。提供谈话的座椅需要一定的私密性，座位以2～3人为宜，且应独立、分散放置。公共座椅的材料可以根据自身和场所的要求，使用不同的材料，如木材、石材、混凝土、金属、塑料等。

（2）伞与桌椅。"伞"在公共空间中一般常与桌椅组合使用，形成一种户外供人休闲的环境设施，伞除了起到遮阳、遮雨外还起到空间限定的作用。伞的造型需要简洁、明快，并与环境相协调。伞的体量：一般圆伞不小于1.8m，方形伞不小于2.5m×2.5m。

（3）垃圾箱。垃圾箱是根据不同的设置要求而设计的，它既有功能性也是空间的一种点缀。垃圾箱的设计首先要考虑使用功能，需要有适当的容量，方便投放，易于清理。垃圾箱的形式主要有直竖型、柱头型、依座型等；材料上多为混凝土、金属、木材、塑料等，投放高度为0.6～0.9m，设置间距为30～50m，另外也可以根据人流量、居住密度来设定。普通垃圾箱的规格一般为高60～80cm，宽50～60cm。设置在车站广场的垃圾箱可以更大一些，一般高为90～100cm。

（4）饮水器。饮水器的造型有多种，方形、圆形、角形皆可，有时也与景观雕塑小品组合而成。在材料上一般倾向于石材、混凝土、陶瓷等，也有使用金属或不锈钢铸形的情况。一般饮水器的高度为80cm，儿童使用的饮水器高度可以略矮些，在65cm左右，供儿童使用的饮水器还需要设置10～20cm左右的脚踏。

（5）指示牌。导向性指示牌是用来导引方向、指示行为的公共家具，此外还有一些标牌是示意建筑类别的。指示牌的设计主要由信息码、造型和设置三方面内容组成。信息码一般是用约定俗成的符号、图案、文字来传达指示的信息。指示牌的造型可以根据它所在的公共空间的设计来统一考虑。其设置位置必须层次清晰、醒目明确且与环境相适宜。

（6）路灯。由于灯杆所处的环境不同，对照明的方式以及灯具、灯杆和基座的造型与布置等也提出了不同的综合设计设计要求。路灯主要由光源、灯具、灯杆、基座和埋设基础几个部分构成。根据灯杆的高度，路灯主要被分为低位置路灯（0.3~1.2m）、步行和散步灯（2.5~4m）、普通干道和停车场路灯（4~12m）、专用高灯杆（20~40m）这几种类型。此外，在公共空间中还具有大量的装饰照明，它们在夜景环境中起到衬托景物、装点环境、渲染气氛的作用。装饰照明容易形成吸引人群的聚焦点，所以对艺术性的要求会更高。装饰照明按不同设置的方式和照明的目的，一般可以分为隐藏照明和表露照明两类。隐蔽照明将其光源作适当的遮挡，只求照亮衬托景物的形体和内容，被广泛应用于喷水池、花坛、护栏、踏步、等设施中。表露照明以单体或群体的配置呈现，造成夜景独特的灯光景观，如园林的石灯、水池的浮灯、地面发光板、某些与灯具共同融合的雕塑及艺术造型。

（7）游乐家具。游乐和娱乐是人们生活中不可缺少的内容，在室外环境中，给人们提供锻炼身体，游戏娱乐的公共家具业是必不可少的内容。1968年日本游乐具设计师仙田满提出了"巨大游具"这一概念，强调了现代游乐家具的两种特点：一是创造性、科学性。这些公共家具的设计应鼓励儿童进行积极的、自发的、创造性的游戏。二是复合体型，即把复杂的游戏合理地融为一体，所谓的"巨大"不是体量上的大小，而是超越了"量"的概念，强调功能的复合性。游乐家具的类型应根据不同的年龄层次来分别研究，目前供儿童和老年人使用的公共游乐家具是主体。

（8）护栏。护栏与护柱在室外环境中起到限定、分割和引导人流的作用（图3-23）。一般包括栅栏式、杆柱式及缆柱式。其设计形式现已日趋丰富。有固定的、插入的，也有可以移动的。护栏与护柱所使用的材料种类很多，有铸铁、不锈钢、混凝土、石材等。护栏、护柱在设计时一般造型以简洁为主，在色彩、材质方面必须与周围环境协调一致。此外，尺度应合理，高低应恰当。立柱的间距应在2~3m之间。

（9）花坛。花坛作为室外环境的组景元素，对于点缀景观、突出环境意向起到较强作用。花坛有以下几种类型：花池、花台、植物容器。花池一般占地面积较大，比较低矮；花台的高度一般在900~1000mm之间，以便于人们观赏，也可供人坐靠，所以花台的边缘要柔和、精致，以免对使用者造成伤害。植物容器也称为桶式花坛，它可以放在地上也可以悬挂于空中。植物容器的材料应选择细腻、保水、轻便的材料。目前使用比较多的有塑料、混凝土、玻璃钢、陶瓷、木材、金属材料等。有时也有掏空树干、石块等具有设计感的特殊材料。

2. 公共家具的设计要点

公共家具的设计首先应满足不同人群的不同需求，人是户外环境活动的主体，环境设施都是为人服务的，因此公共家具的设计要体现出对人的关怀，关注人群的各种生理需求与心理感受，

图3-21
图3-22

图3-21、图3-22 由可以自由组合的单元构成的城市家具，可以根据不同的需要形成多样化的组合，显示了设计的人性化

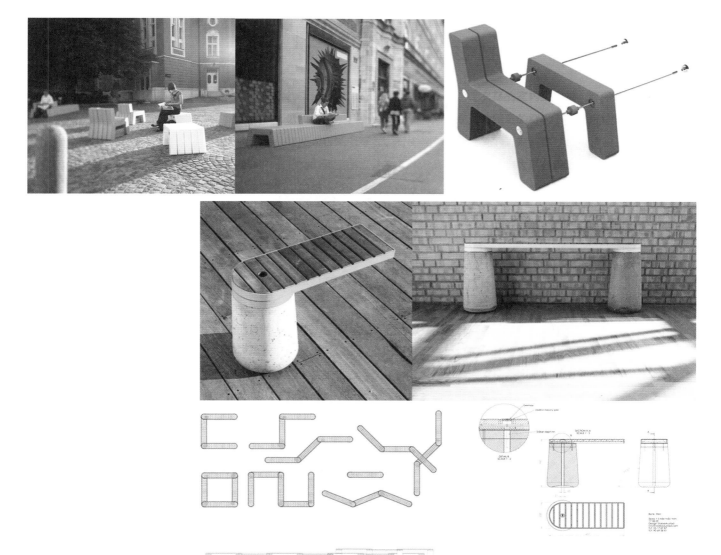

探索各种人们潜在的心理愿望，提出解决问题的方案。在家具的种类、位置、方式、数量等方面都要全面考虑。如公共座椅虽是满足人们休憩的行为需要，但设计时却要考虑到各种不同的使用对象，比如，一些人希望不受干扰的休息，这就需要将其设置在较为遮蔽处；而另一些人却希望与人交流，这就需要将座椅设计成围合的样式以方便交谈。一些使用者是老人，这就需要使用上较为方便，而另一些使用者也可能是儿童，这就需要趣味性和安全性考虑更多。此外，公共家具还应考虑多功能化，同时将几种使用功能融为一体，这样更能发挥设计的综合效益（图3-24）。

同时，城市家具还应考虑环境的历史、文脉价值，它必须体现出装饰性与意象性，因为其视觉意象直接影响着环境空间的规划品质。城市家具必须遵守整体性原则，使之与环境相融

图3-23 围栏与公共座椅一体化的设计，既做到了功能多样化，又使座椅的形式非常独特，形成视觉的重心

图3-24 由英国设计师Charlie Davidson设计的公共座椅，与公园的地面射灯相结合，即可以减少地面灯对眼球的伤害，也可以做为一个椅子让游客休息，是一举两得的设计。椅子使用彩色混凝土、石英、大理石或云母等材料做成，质朴环保

图3-23

图3-24

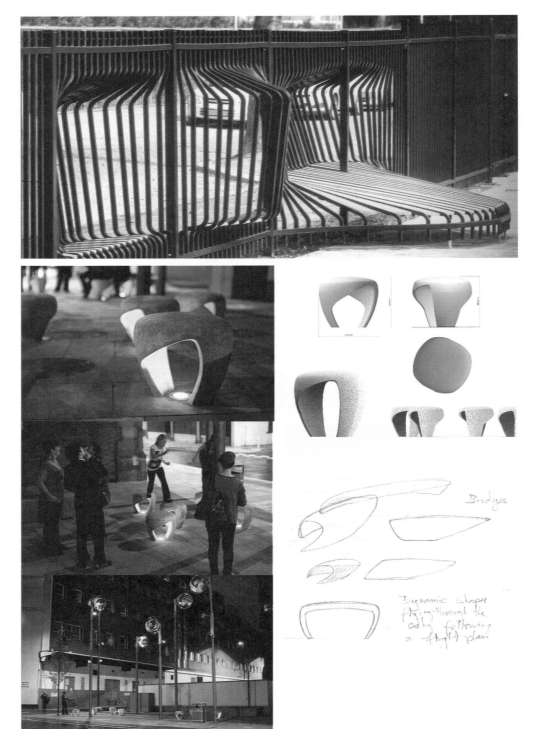

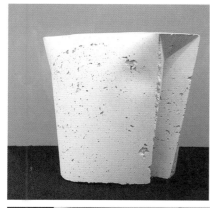

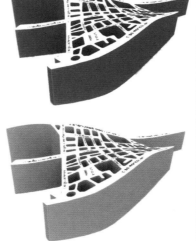

	图3-25	
图3-26	图3-27	图3-28
图3-29	图3-30	图3-31

图3-25 混凝土制作成的家具坚固、耐用且制作简易、价格合理，符合绿色设计的原则

图3-26 具有艺术感和独特性的城市家具

图3-27、图3-28 Connubbio 既是一个坐具也可以看成是一个城市里的陈设，它可以唤起人们对某些熟悉地点的回忆，可以提供思考、谈话、交流的空间。编织的彩条代表了与周围的环境相关联的不同视角

图3-29、图3-30 立体地图。将地图变成了人们可以休息的三维街道家具，集装饰性与功能性于一体

图3-31 这个配备了无线网络的公共座椅可以让人们在城市的任何地方自由地连接到网络上

合，并对公共空间的性质加以诠释，对景观的意向加以刻画。在设计时结合环境氛围的不同，利用色彩、造型、材料进行特别的处理与安排使环境设计的总体概念得以提升。由于公共家具是景观中的重要组成部分，除了要与环境规划整体考虑之外，更要注重其艺术品质，使它们成为环境中的一道独特的风景（图3-25~图3-30）。

最后，公共家具的设计还必须考虑到生态化的原则，在其材料获取、生产、使用、处置的过程中要减少对环境的影响。使回归自然、崇尚节俭等成为重要的设计原则。

课题设计（一）：为展厅设计的家具

[设计内容]

室内设计在空间性质确定后，家具就成为环境中功能的主要构成因素和氛围表现者。在一个特定的环境中，家具的设置必须满足环境的功能需要，并且要考虑到人的基本活动尺度和交通路线。这个练习要求为一个指定大小（8m×24m）的展厅设计一系列配套的家具。此外，展厅外部具有一定的室外空间，也需设计相应的室外坐具。

[命题要点]

1. 为展厅设计的家具——所设计的家具必须满足展览的功能要求，如展示物品、引导交通、提供休息、方便交流等；

2. 家具的造型设计必须与展览的主题相符合；

3. 各种家具统一放置于展厅中，所以设计时要考虑到家具的配套性和系列性，它们应在外形、色彩、材料、构思方面具有内在的联系；

4. 为观展者设计的家具——家具的尺寸设计要考虑到观展时人的物理尺度，如视高、坐高、视野的大小、人流的控制等。

[注意点]

这个练习的背景是某个展览，所以设计时先要确定展览的主题和内容。在围绕同一主题设计家具时，各种家具既要保持一定的联系，又要考虑因功能的区别、放置位置等不同的要素进行有区别的设计。如展览区家具与休息区家具的区别，室内家具与室外家具的区别。

要求保留所有设计环节的草图，充分展示设计的过程。

[时间安排]

共4周

第1周：设计对象分析、查找资料和构思草图。

第2周：方案讨论。

第3周：方案的推敲——三视图、效果图的制作。

第4周：设计过程的整理和后期文本的制作。

学生作业示例

示例一：Nicety——为甜品展示秀所设计的家具

设计简评：

这个设计是为了甜品展示厅设计的一系列家具，它们由室内的日式流转寿司桌、向日葵桌和室外的拼图椅、旋转桌椅组成。整体家具设计构思从结构组合的多种可能性出发，营造出跳动的空间氛围，所有家具都具有可变和可组合性。材料以容易加工的轻钢材与抗腐蚀的塑料为主，结合食品展示出这个比较活跃的主题，激发人的想象力和主动性。

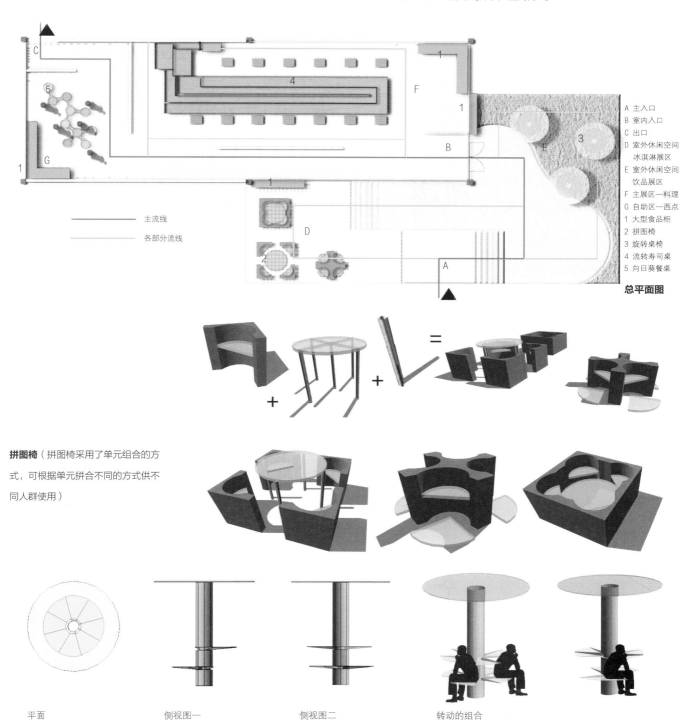

A 主入口
B 室内入口
C 出口
D 室外休闲空间冰淇淋展区
E 室外休闲空间饮品展区
F 主展区—料理
G 自助区—西点
1 大型食品柜
2 拼图椅
3 旋转桌椅
4 流转寿司桌
5 向日葵餐桌

主流线
各部分流线

总平面图

拼图椅（拼图椅采用了单元组合的方式，可根据单元拼合不同的方式供不同人群使用）

平面　　　　侧视图一　　　　侧视图二　　　　转动的组合

旋转桌椅 安装在室外的旋转桌椅由轻钢材和抗腐蚀的塑料组成，随意旋转的桌与椅可根据具体需要任意取用

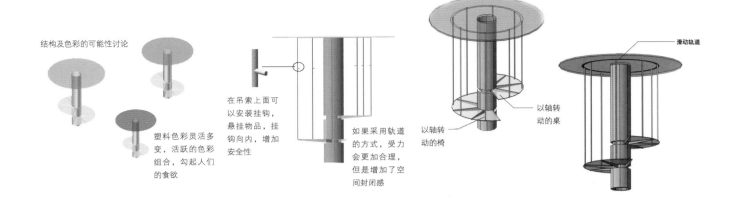

结构及色彩的可能性讨论

塑料色彩灵活多变，活跃的色彩组合，勾起人们的食欲

在吊索上面可以安装挂钩，悬挂物品，挂钩向内，增加安全性

如果采用轨道的方式，受力会更加合理，但是增加了空间封闭感

滑动轨道

以轴转动的桌

以轴转动的椅

日式流转寿司桌 以木材铺桌面、金属为支架，配套操作台，墙面有一金属构件与操作台的一端搭接。长条形的桌子既可满足多人品尝的需要，又有一种展示的效果

向日葵桌 磁性的连接部件将带金属边的餐桌连接起来，展现了该设计的最大特点，即根据空间的大小和就餐人数的改变而随意组合

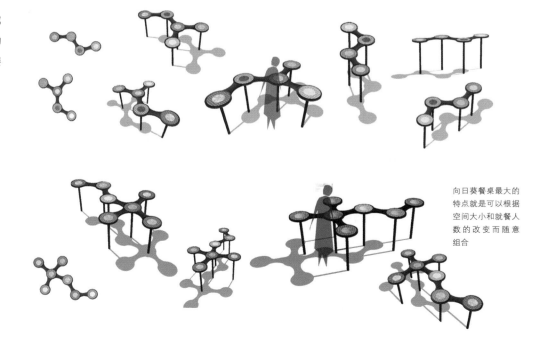

向日葵餐桌最大的特点就是可以根据空间大小和就餐人数的改变而随意组合

示例二：海洋文化体验馆展厅家具设计

设计简评：

这个设计通过折板式的隔断将整个展厅分成大陆架与海洋区两个部分，旨在使参观者在参观过程中产生渐渐进入海洋的感觉。折板式的隔断中穿插着一些由弹性布条组成的软质隔断，观众可直接穿过进入海洋区，也可走到通道的尽头再进入海洋区。海洋区的家具由水珠椅和珊瑚搁架组成，两者的设计创意均源自海洋中的生物，在色彩、造型、质感方面也配合了海洋的主题，使家具系列更统一。

总平面图 展厅由折线结构分割出陆地与海洋区，空间引导人进入深蓝色的世界

软质隔断 这是一些由弹性布条组成的屏风，布条的两端被限定在框架上，透过布条间隙可以观望到海洋区的场景。此外，由材料本身的性质决定了观众可以自由穿过这些隔断，直接进入海洋区

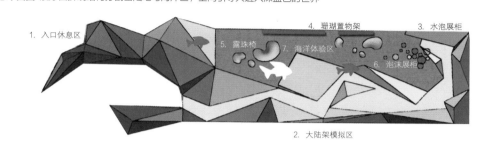

1. 入口休息区
4. 珊瑚置物架
3. 水泡展柜
5. 露珠椅
7. 海洋体验区
6. 泡沫展柜
2. 大陆架模拟区

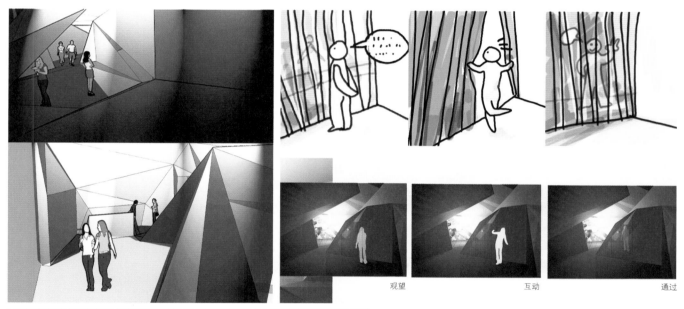

观望　　　　　互动　　　　　通过

CORAL SHELF

珊瑚搁架 这个搁架由一系列尺寸不等的板材构成，可以根据空间的大小灵活组合

水珠椅 造型由海洋中的水珠变化而来，透明材质的使用使家具显得更轻盈

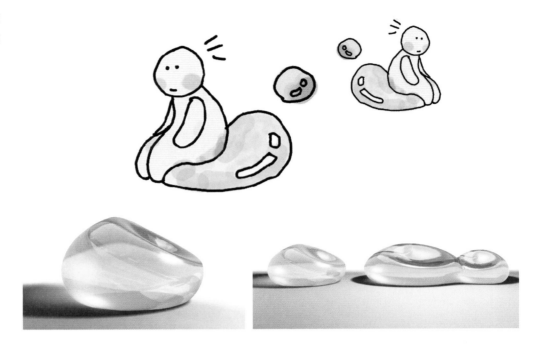

示例三：流觞曲水——书法馆家具设计

设计简评：

　　书法大师王羲之的《兰亭集序》追求一种寄情山水、笑傲山野的境界，让人置身于自然之间，与自然同乐。这个书法展厅希望营造一种既有文化底蕴，同时又与自然结合的氛围，所以从辞赋中提炼出"流觞曲水"来作为整个展厅的环境基调，同时使室内外连通，增加室内外的联系。

总平面图

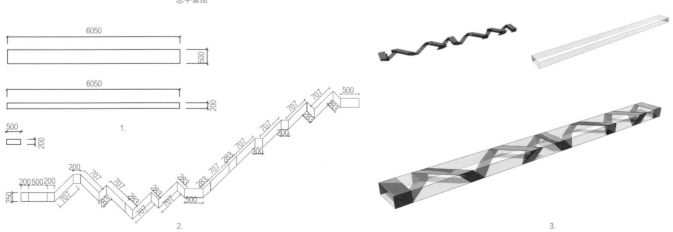

展台 1. 方便拆卸，玻璃可从金属板架中抽离出来；2. 折叠的"之"字造型，与之形椅相互交映；3. 方正规则的玻璃外壳，点缀了展厅空间的不规则划分。展台侧面可用铆钉直接镶嵌在墙上，不用时可拆卸

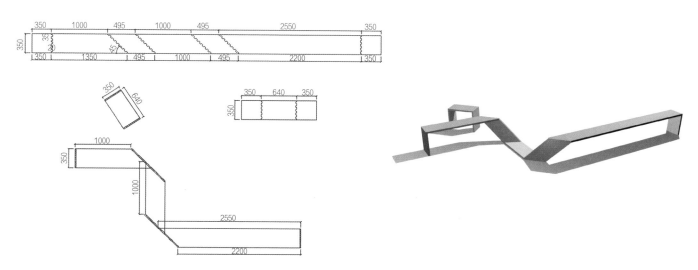

"之"形椅 顾名思义,椅子的造型源自书法中常见的"之"字。利用其简洁而可变性强的笔画来设计展厅中的组合型座椅。为了方便工艺生产,将其抽象成直线的组合,使其更富现代感。如图所示,能仅用一条木板经过折叠后成型

书法展厅的家具在造型上主要根据书法的文字结构和自然景物的特点提炼简化而成,同时又考虑到满足现代工业化生产的需要,在追求与自然生态相仿的基础上也不失现代感。

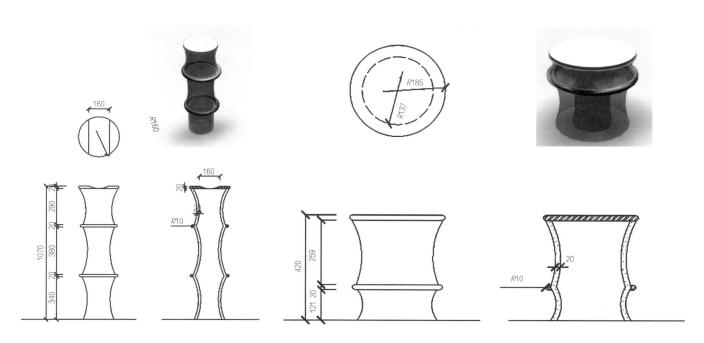

竹椅/竹倚 造型由竹子变化而来,体态轻盈,具有现代感,两种功能,提供坐与倚靠。使用透明材料,光线通透,犹如展厅灯箱

示例四：电脑屋展厅家具设计

设计简评：

该设计立足于家具与展品的完美结合，使参观者在体验电脑用品的同时享受个性化的桌椅。

整个展厅按使用人群的特征被划分为：男性展区（man）、女性展区（woman）、儿童区（kid）和主题区（theme）四个展区，分别进行针对性的设计，各自独立又彼此呼应为展厅增加视觉的乐趣。

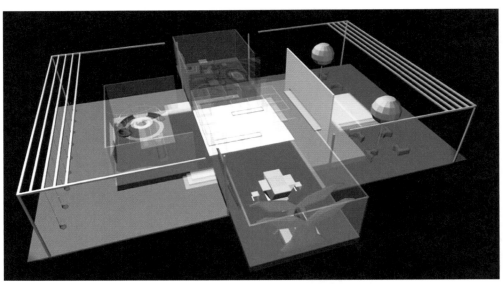

总平面图

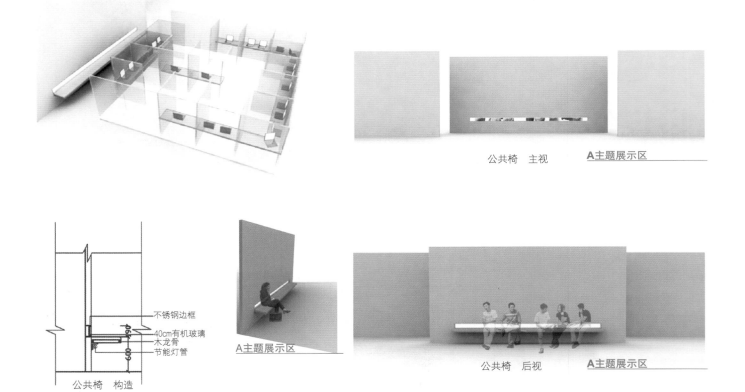

公共椅　主视　**A主题展示区**

不锈钢边框
40cm有机玻璃
木龙骨
节能灯管

公共椅　构造

A主题展示区

公共椅　后视　**A主题展示区**

主题展示区由公共座椅和组合展柜组成。其中公共椅位于展厅入口处，设计强调视觉观赏性，彩色与白色、狭长与宽广形成对比。椅背处设计的狭长透明带使入坐者衣服的色彩在主视角度形成色带的装饰效果

组合展柜 组合展柜用于展示电脑及提供联机体验，具有展示和休闲的双重功能。组合展柜的平面由5mm×5mm方格构成。以灰色玻璃墙体分割构成灰色空间，与亮红色灯带形成对比，具有科技感

组合展柜　平面

组合展柜　侧立面

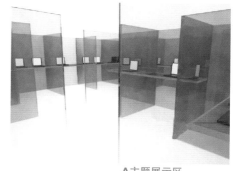

A主题展示区
● 组合展柜的平面由5mm×5mm方格构成，每格边长为1.2m，以玻璃隔墙划分

A主题展示区
● 具有丰富层次的灰色空间，红色的亮线穿梭其中

女性展区 女性展区的座椅由潘童椅转化而来，曲线的造型、粉色透明材质，迎合了女性参观者的审美趣味。该座椅也用于室外展示区，成为公共座椅

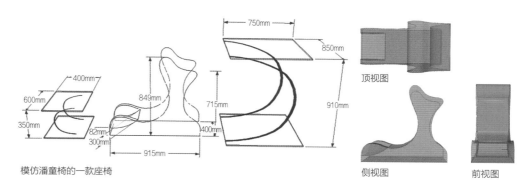

模仿潘童椅的一款座椅

顶视图

侧视图　　前视图

男性展区 主题颜色为黑和红，黑色代表男性的沉稳和理性，红色则揭示了黑的对立面，藏在男性心底的野性和奔放。男性展区的家具造型都较为夸张，棱角鲜明，与对面的女性电脑展区曲线造型的家具形成了对比

Wings 男性展厅中的主体家具，整个座椅由两个背靠背的沙发和沙发两边的两个红色亚克力灯箱组成，电脑放在从灯箱上悬吊下来的平台上。两侧的亚克力灯箱是个展翅的飞鸟形象，意寓男人的雄心壮志

Blood Flame 还是金属和红色亚克力灯箱的组合体，座椅和电脑桌的立面成倒梯形，比喻男性的体态特征，而座位的向心布置则是考虑到电子竞技的对立性和刺激性，两桌的交叉处放置了一个红色灯箱，让光从桌子的金属孔眼里透射出来，仿佛红色的血液被烈焰蒸发而出，带给人神秘及奇异的感觉

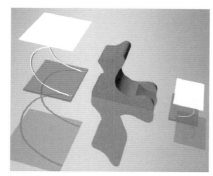

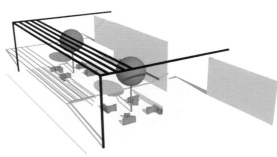

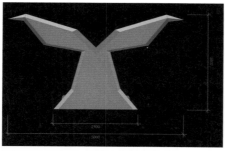

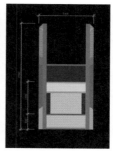

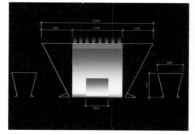

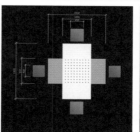

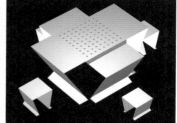

课题设计（二）：公共家具设计

[设计内容]

公共家具又称城市家具，指的是公共环境设施，包括公共座椅、路灯、指示牌、围栏、垃圾箱、饮水器等。它们担负着休憩、服务、美化和传递信息等功能，公共家具能加强环境的区域特征，甚至在一些城市，公共家具本身成为一种标志物。

这个练习要求设计一系列配套的公共家具，至少应包括以下三种基本类型：公共座椅、路灯、指示牌。

[命题要点]

1. 公共家具设计首先应满足不同人群的不同需求，人是户外活动的主体，观察人群的各种生理与心理需求，找到人们的潜在愿望，提出解决问题的方案（考虑家具使用对象是老人还是儿童？需要交流还是隐蔽？）。

2. 所设计的公共家具必须具有一定的环境情境设定。城市家具必须遵守整体性原则，使之能融入环境，体现出景观意向或体现出环境的历史、文化价值。

3. 要考虑到家具的配套性和系列性，它们应该在外形、色彩、材料、构思方面具有内在的联系。

4. 在公共家具的种类、位置、方式、数量方面要结合具体的环境来考虑。

[注意点]

1. 公共家具通常放在户外，材料选择上应采用抗击、韧性、防酸、耐腐的材料。

2. 公共家具应考虑多功能化，同时将几种功能融为一体，发挥设计的综合效益。

3. 注重艺术品质，使它们自身能够成为环境中的标志。

4. 最好能考虑到生态化的原则，在取材、生产、使用、处置的过程中减少对环境的影响。

[时间安排]

共4周

第1周：资料收集、先例分析

　　　　要求：收集相关公共设施的先例，并对其构思、材料、结构等要素进行分析，以word文档提交。要求4～5页。

第2周：概念生成、画草图、草图讨论、可行性分析、方案修改

　　　　要求：为设定的场地设计配套公共家具，至少包括3种基本类型。手绘草图，分析讨论。

第3周：各种制图（三视图、爆炸图、效果图等）文本制作

　　　　要求：自行在工作室中完成。将确定的方案制作成文本，对其设计概念、与环境的关系、材料结构、加工手段进行充分分析。最终用3D生成效果图。制作文本10～15页，A4 大小，彩色打印。

第4周：作业讲评与分析

学生作业示例

示例一：图书馆的延伸

设计简评：

该设计的公共环境为南京大行宫市民广场。基地的北侧毗邻南京总统府，南侧有中央饭店这两座历史建筑，广场西侧建有南京市图书馆，是市民喜爱聚集的城市客厅之一。因此设计主题设定为"图书馆的延伸"。

通过调研，原场地存在着公共坐具数量不足，缺少视觉焦点，公共空间与半私密空间划分不清等问题。针对这些问题又兼顾设计的主题，设计者将公共家具的基本造型设定为一本展开的书，并围绕着这个基本型展开了灯具、坐具、饮水器等一系列设计。简洁的造型与南京市图书馆这个现代建筑产生对话，同时，混凝土的材质显得比较质朴，与一侧的民国建筑也相互协调。

总平面图

南京市图书馆

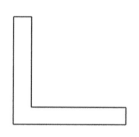

"L"形作为概念原型

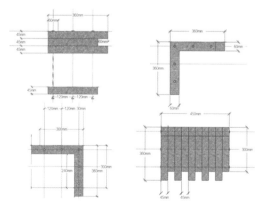

基本单元："L"形预制混凝土块+螺栓

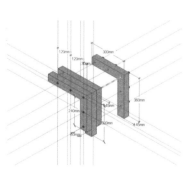

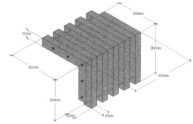

注：
1. 每个"L"形混凝土双边的尺寸不等，长度差为60mm，厚度为45mm。
2. 通过长短边的错落组合与排列构成座椅的单元。

效果图

　　单元模块之间用防锈金属螺杆连接，六角螺母固定。其单元模块可以进行多样的造型组合，以适应不同环境与场地的需要。

场景图

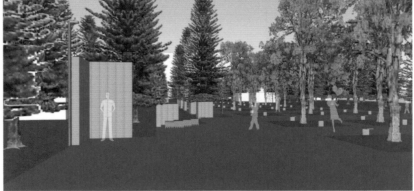

本系列家具特点总结：

1. 主题性：以打开的书本造型为原型延伸出不同各类的"L"形家具与南京市图书馆能够很好地契合在一起。

2. 预制性：由"L"形水泥预制件为基本结构元素。每个"L"形混凝土双边的尺寸不等，长度差为60mm，厚度为45mm。通过长短边的错落组合与排列构成座椅的单元。单元模块之间用防锈金属螺杆连接，六角螺母固定。其单元模块可以进行多样的造型组合，以适应不同环境与场地的需要。

3. 经济性：该家具的制作过程简单，仅仅有一种简单翻制模具就可以批量生产，造价低廉。家具基本构件可叠置，运输方便。只需要两个人使用扳手和六角套管就能组装整套家具，安装组合容易。

示例二：竹雨诵经——自然景观家具设计

设计简评：

这组室外家具是为依山而建的几个茶室及周边的自然景观而设计的。茶室的主题是竹雨诵经，具有一种东方佛教文化的意境。设计者围绕着"竹"和"雨"两个元素，选择竹、木、石材等自然材料与环境相协调，试图营造出从自然中生长出来的家具这样一个概念。家具主要布置在溪边、草坪和建筑周边，用于人群、隐于自然。

家具在造型上主要根据自然景物的特点提炼简化而成，同时又考虑到要满足现代工业化生产的需要，在追求与自然生态相仿的基础上又不失现代感。

平面布置及家具造型意向：该设计的环境依山傍水，所有的室外家具处于完全自然之中，与自然对话。所有室外家具的造型都来源于自然物体——竹、石头、露珠等。在平面布置上，有的放置溪边、有的顺水漂流、有的藏于草坪，既满足了人们需求，具有实用功能，也隐藏于环境之中，不与环境相冲突。

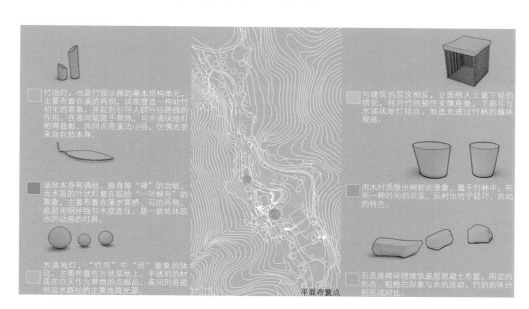

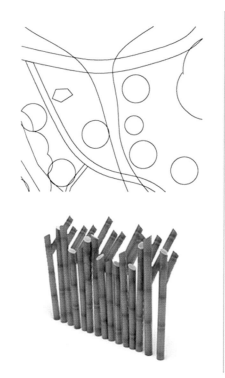

公共家具之指示牌设计

分布位置：太石湖入口处
分布方式：一
作用：指示+照明
意象：竹篱笆
营造氛围：纵向的灯光和斜向的指示牌，与环境融洽。由竹地灯作为结构单元在纵向拉长，指示牌斜向插入供人阅览

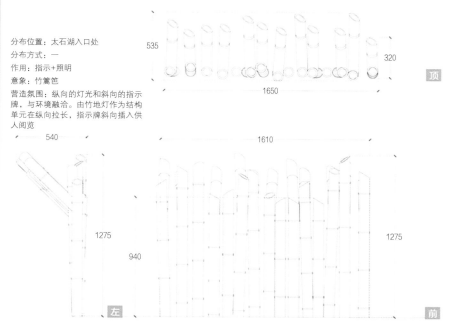

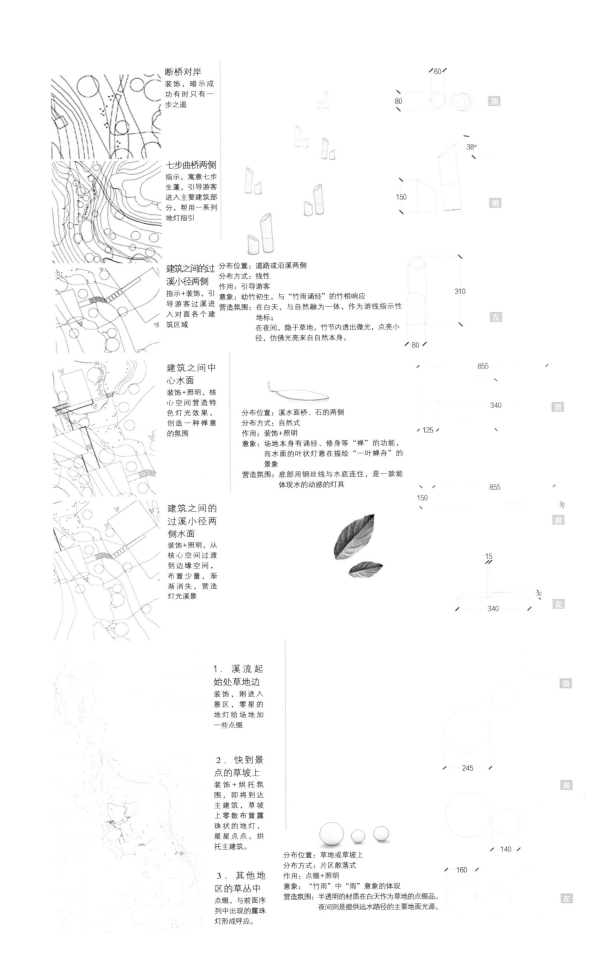

断桥对岸
装饰，暗示成功有时只有一步之遥

七步曲桥两侧
指示，寓意七步生莲，引导游客进入主要建筑部分，帮用一系列地灯指引

建筑之间的过溪小径两侧
指示+装饰，引导游客过溪进入对面各个建筑区域

分布位置：道路或沿溪两侧
分布方式：线性
作用：引导游客
意象：幼竹初生，与"竹雨诵经"的竹相响应
营造氛围：在白天，与自然融为一体，作为游线指示性地标；
在夜间，隐于草地，竹节内透出微光，点亮小径，仿佛光亮来自自然本身。

建筑之间中心水面
装饰+照明，核心空间营造特色灯光效果，创造一种禅意的氛围

分布位置：溪水面桥、石的两侧
分布方式：自然式
作用：装饰+照明
意象：场地本身有诵经、修身等"禅"的功能，而水面的叶状灯意在描绘"一叶蝉舟"的景象
营造氛围：底部用钢丝线与水底连住，是一款能体现水的动感的灯具

建筑之间的过溪小径两侧水面
装饰+照明，从核心空间过渡到边缘空间，布置少量，渐渐消失，营造灯光溪景

1.溪流起始处草地边
装饰，刚进入景区，零星的地灯给场地加一些点缀

2.快到景点的草坡上
装饰+烘托氛围，即将到达主建筑，草坡上零散布置露珠状的地灯，星星点点，烘托主建筑。

3.其他地区的草丛中
点缀，与前面序列中出现的露珠灯形成呼应。

分布位置：草地或草坡上
分布方式：片区散落式
作用：点缀+照明
意象："竹雨"中"雨"意象的体现
营造氛围：半透明的材质在白天作为草地的点缀品。
夜间则是提供远水路径的主要地面光源。

公共家具之灯具设计

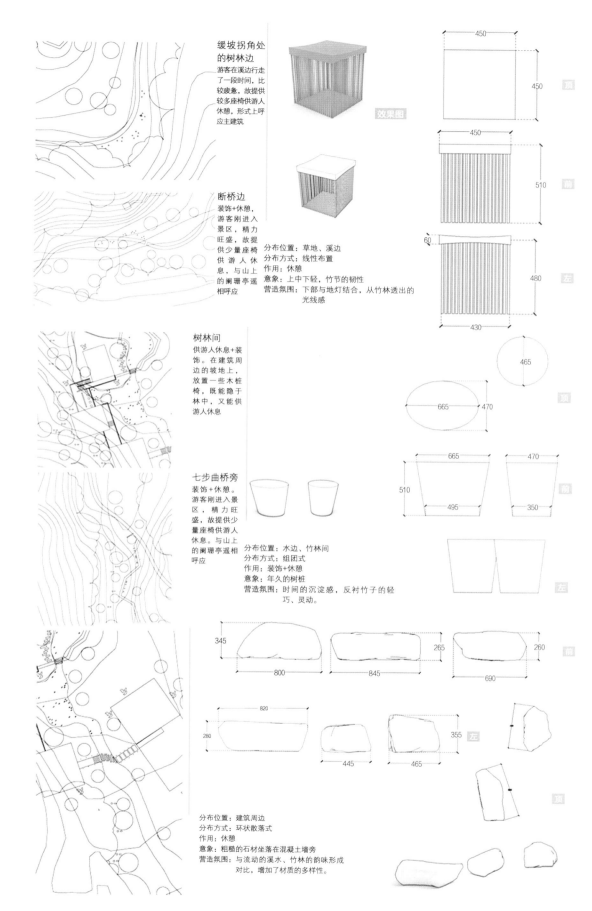

缓坡拐角处的树林边

游客在溪边行走了一段时间，比较疲惫，故提供较多座椅供游人休憩，形式上呼应主建筑

效果图

断桥边

装饰+休憩，游客刚进入景区，精力旺盛，故提供少量座椅供游人休息，与山上的阑珊亭遥相呼应

分布位置：草地、溪边
分布方式：线性布置
作用：休憩
意象：上中下轻，竹节的韧性
营造氛围：下部与地灯结合，从竹林透出的光线感

树林间

供游人休息+装饰。在建筑周边的坡地上，放置一些木桩椅，既能隐于林中，又能供游人休息

七步曲桥旁

装饰+休憩。游客刚进入景区，精力旺盛，故提供少量座椅供游人休息。与山上的阑珊亭遥相呼应

分布位置：水边、竹林间
分布方式：组团式
作用：装饰+休憩
意象：年久的树桩
营造氛围：时间的沉淀感，反衬竹子的轻巧、灵动。

分布位置：建筑周边
分布方式：环状散落式
作用：休憩
意象：粗糙的石材坐落在混凝土墙旁
营造氛围：与流动的溪水、竹林的韵味形成对比，增加了材质的多样性。

公共家具之坐具设计

第4章

家具的材料与结构

本章简介： 家具的材料与结构是实现家具产品的物质基础与条件。根据不同的设计要求选择合适的材料和相应的结构，再采用合适的技术才能使构思中的家具得以实现。本章主要介绍几种在家具设计中经常使用的材料及相应的加工工艺，并对家具的结构形式进行了整理。

教学目标： 1. 学生能够掌握各种常用材料的特点，并了解这些材料的加工工艺；

2. 了解家具的结构形式，并根据设计要求来选择正确的结构设计家具；

3. 学生通过对材料的加工实践，可以用一些常规材料制作简单的家具模型。

图4-1 实木制造的家具有天然的纹理，手感温和，给人以亲切感

4.1 家具的材料与加工工艺

材料是家具设计时必须考虑的重要因素之一，直接影响到家具的安全性、舒适性、外观效果、成本等各个方面，不同的材料必须采用不同的结构形式和加工工艺。本节将介绍各种不同的材料以及相应的加工工艺。

4.1.1 实木

1. 实木的特点

实木是家具中应用最为广泛的传统材料，至今仍在家具中占有重要地位。其特点是质轻而强度高，加工方便，热阻、电阻较大，隔音效果好，而且具有美丽的天然纹理和色泽，缺点是容易受潮而变形（图4-1）。

2. 实木的种类

实木的种类包括：各种板材、方材、曲木等。

板材：厚度在18mm以下的板材是薄板，中板的厚度在19～35mm，厚板的厚度在36mm以上。

方材：宽度不足厚度3倍的木材称为方材，有小方、中方、大方之分。

曲木：指弯曲的木材。用于制造家具的曲木有通过锯加工而成的，也有利用特殊的弯曲方法（如蒸汽压模法等）制成的。

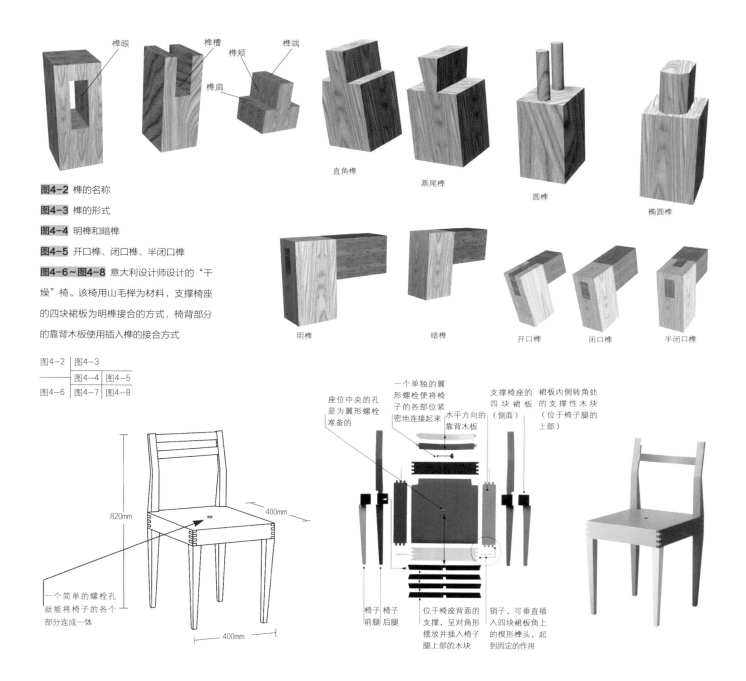

图4-2 榫的名称

图4-3 榫的形式

图4-4 明榫和暗榫

图4-5 开口榫、闭口榫、半闭口榫

图4-6～图4-8 意大利设计师设计的"干燥"椅。该椅用山毛榉为材料，支撑椅座的四块裙板为明榫接合的方式，椅背部分的靠背木板使用插入榫的接合方式

图4-2	图4-3	
	图4-4	图4-5
图4-6	图4-7	图4-8

榫眼　榫槽　榫端　榫颊　榫肩

直角榫　　燕尾榫　　圆榫　　椭圆榫

明榫　　暗榫　　开口榫　闭口榫　半闭口榫

一个单独的翼形螺栓便将椅子的各部位紧密地连接起来

座位中央的孔是为翼形螺栓准备的

水平方向的靠背木板

支撑椅座的四块裙板（侧面）

裙板内侧转角处的支撑性木块（位于椅子腿的上部）

一个简单的螺栓孔就能将椅子的各个部分连成一体

820mm

400mm

400mm

椅子前腿　椅子后腿

位于椅座背面的支撑，呈对角形摆放并插入椅子腿上部的木块

销子，可垂直插入四块裙板角上的楔形榫头，起到固定的作用

3. 实木家具的接合方法

实木家具的零部件都是按照一定的接合方式装配而成的，最为常用的方法有：榫接法、胶合法、螺钉接合法、连接件连接法等。

（1）榫接法指木材与木材之间的连接主要依靠榫头嵌入榫眼或榫槽来完成。在使用榫接法同时还应施胶，使连接更为坚固（图4-6～图4-8）。

榫头的基本形状有直角榫、燕尾榫、圆榫与椭圆榫四种类型。根据榫头的数量还可以分为单榫、双榫、多榫；根据榫头是否外露可以分为明榫与暗榫；根据榫肩的切割形式来分，榫头有单面切肩榫、双面切肩榫、三面切肩榫、四面切肩榫（图4-2～图4-5）。

此外，用榫接法还必须注意以下几个技术要求：

第一，榫头的厚度应根据木材的断面尺寸来决定，单榫的厚度接近方材厚度或宽度的0.4～0.5倍，双榫的总厚度也应接近这个数据。榫头两边或四边削成30°的斜棱，当木材断面超过40mm×40mm时，要用双榫接合的方式。

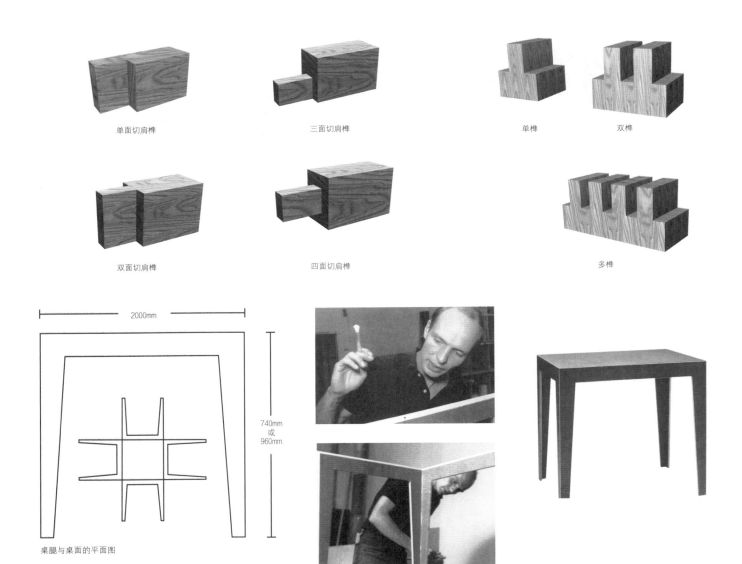

单面切肩榫　　　　三面切肩榫　　　　　　单榫　　　双榫

双面切肩榫　　　　四面切肩榫　　　　　　　　多榫

2000mm

740mm
或
960mm

桌腿与桌面的平面图

图4-9 单面切肩榫和多面切肩榫

图4-10 单榫、双榫和多榫

图4-11～图4-14 用胶合法设计的桌子。木板被分割成
五个部分，连接部位打磨成斜角再用专用胶水连接

	图4-9	图4-10	
图4-11	图4-12	图4-14	
	图4-13		

第二，榫头的宽度一般比榫眼大0.5～1.0mm，此时榫眼不会胀裂，而且接合的强度最大。

第三，榫头的长度由接合的方式来决定。明榫接合时，榫头的长度应等于接合木料的宽度或厚度；暗榫接合时，榫头的长度不能小于榫眼零件宽度与厚度的一半。一般榫头的长度控制在15～30mm时，能获得较好的接合强度。

第四，圆榫的直径为板材厚度的2/5～1/2，圆榫的长度为直径的3～4倍。

（2）胶合法指用胶水来粘合家具的零部件或整个制品。胶合法在家具设计中常用于短料加长、窄料变宽、贴面、封边等加工过程。其优点是节约木料，加固结构（图4-11～图4-14）。

用胶合法将短料加长时，应将木料的接合处加工成斜面或齿形榫形状，斜面搭接的长度应等于方材厚度的10～15倍，齿形榫的齿距为6～10mm。

（3）螺钉接合法指木家具的零部件之间用螺丝与钉子进行连接的一种接合方式。螺钉连接的强度随着螺钉的长度、直径的增大而增强，也与接材有关。此外，如果在板上先钻孔，孔里施胶后再拧入螺钉也可提高其连接强度。用螺钉连接的优点是操作简单，经济实用（图4-15～图4-17）。

图4-15	
图4-16	图4-17
图4-18	图4-19	图4-20
	图4-21	图4-22

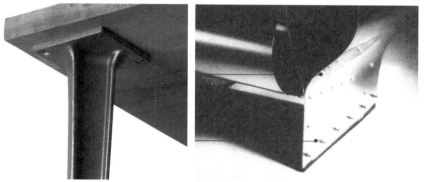

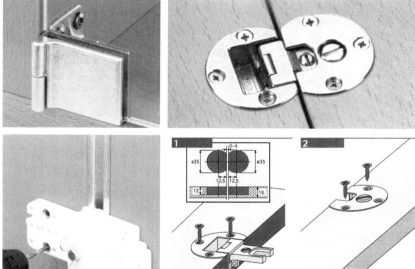

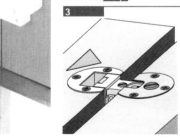

　　（4）连接件连接法。连接件属于五金配件，是一种可多次拆装的构件。一些设计师为自己设计的家具设计了专门的连接件，广泛用于拆装椅或板式家具上。市场上的连接件有金属、塑料、尼龙等不同的材料。使用连接件连接的家具安装方便、快捷，并有利于产品的标准化和部件的通用化，有利于工业化批量生产，在产品包装、运输方面也较为方便（图4-18~图4-22）。

图4-23
图4-24
图4-25
图4-26

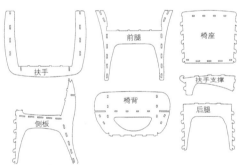

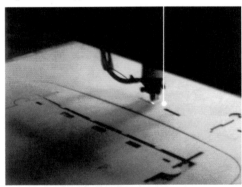

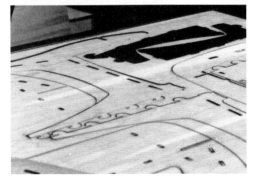

4.1.2 人造板

1. 人造板的特点

人造板是由人工合成的一种标准化的板材，它克服了实木的某些缺点（如易受潮、易变形等），并且可以节约大量的天然木料，有利于保护生态环境，因而成为现代家具设计中常用的材料。其缺点是人造板中的胶合剂会散发出对人体有害的气味，需要较长时间才能完全挥发掉。

2. 人造板的种类

人造板主要包括胶合板、刨花板、细木工板、纤维板等。

胶合板：由3层以上、层数为奇数、每层厚度为1mm左右的薄木板胶合加压制成，胶合板各层之间的木纤维方向互相垂直。胶合板幅面大而平整，尺寸准确而厚度均匀（表4-1），适合用作家具的各种门、顶、底面板等大面积板状部件。

刨花板：利用木材加工过程中的边角斜料，切削成碎片后加胶热压制成。刨花板常用于桌面、床板和各种板式柜类家具。刨花板的厚度有13mm、16mm、19mm、22mm几种（表4-2）。

纤维板：利用木材加工过程中的边角料，经过粉碎、制浆、成型、干燥、热压制成的一种人造板。纤维板分为硬质、半硬质、软质3种，具有结构均匀、质地坚硬、幅面大等特点（表4-3）。

表4-1	胶合板的规格				单位：mm
宽度	长度				
915	915		1830	2135	
1220		1220	1830	2135	2440
1525		1525	1830		

表4-2	刨花板的规格				单位：mm
宽度	长度				
915	1220	1525	1830	2135	
1220	1220	1525	1830	2135	2440
1000	2000				

表4-3	纤维板的规格	单位：mm
厚度	幅面尺寸	
3	610×1220	915×1830
4	915×2135	1220×1830
5	1220×2440	1220×5490

细木工板：指用胶合板做覆面板，中间紧密地填充细木条的人造板。

空芯板：指用胶合板、平板做覆面板，中间填充一些轻质材料，经胶压制成的一种人造板。空芯板的种类较多，如方格空芯板、木条空芯板、纸质蜂窝板、发泡塑料空芯板等。

3. 人造板家具的加工方法

由于在人造板的制作过程中，天然木材的自然结构已经破坏，许多力学指标大为降低，从而人造板家具不能用榫卯的连接方式，只能用插入榫和五金连接件连接。插入榫与五金连接件都需要在板式构件上加工接口，最容易加工的接口是槽口和圆孔。前者可以用普通锯片开出，后者可以通过打眼实现（图4-23~图4-26）。

4.1.3 竹、藤类材料

1. 竹、藤的特点

竹、藤属于天然材质，有较好的质感，具有韧性，可弯曲，可以在烘烤、绳绷的条件下弯曲成型。藤条是生长在热带森林中的一种多刺的棕榈科植物。由于质地坚硬和具有很强的韧性被广泛应用于家具制造（图4-27、图4-28）。藤编家具最大的特点是质地坚密，又比较轻巧、柔韧，即使受到重压也不会嘎吱作响。同时藤编的纹理多样，有很强的装饰效果（图4-29）。

竹子是在我国南方普遍生长的一种植物，它生长迅速、质地坚硬，其抗拉、抗压的力学强度均优于木材，又同时具有韧性和弹性，不易折断。竹子通过高温和外力作用可以作出各种弧线，是我国民间制作家具的常用材料。其缺点是易被虫蛀、易吸水、易开裂等，因而只适合在湿度较大且气温偏暖的地区使用。

图4-27 藤编家具

图4-28 鞍椅设计：江黎，材料：藤

图4-29 藤条编织所形成的各种纹理

图4-27 ｜ 图4-28

图4-29 (a) ～ (f)

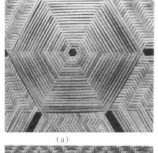

（a）

（b）

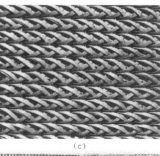

（c）

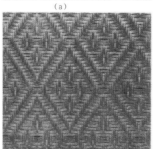

（d）

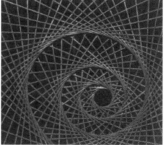

（e）

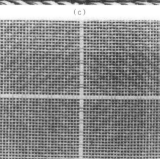

（f）

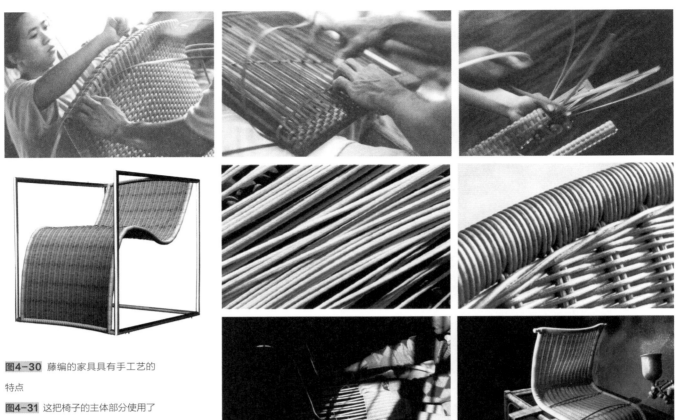

图4-30 藤编的家具具有手工艺的特点

图4-31 这把椅子的主体部分使用了天然的白藤作材料，并利用了编织的加工技术（白藤是一种攀爬的热带植物）

图4-32 白藤的自然状态

图4-33 被染料处理过的白藤

图4-34 编织白藤过程

图4-35 用水蒸气软化藤条使其具有更大的可塑性

图4-30

图4-31	图4-32	图4-33
	图4-34	图4-35

2. 竹的加工方式

竹竿本身可以通过弯曲、成型、端头连接等加工工序形成骨架。将多根竹条并联起来，可以组成一定宽度的竹条板面，所选竹条的宽度一般在7～20mm为宜。竹条要形成板面，必须采用一定的加固方法，这些方法有：孔固板面、槽固板面、压头板面、钻孔穿线板面、裂缝穿线板面、压藤板面。

孔固板面：竹条端头插入榫或尖角头，固面竹竿内侧相应地钻孔，将竹条的端头插入孔内即可。

槽固板面：固面竹竿内侧开有条形榫槽，将密排的竹条插入。

压头板面：固面竹竿是上下相并的两根，其中一根固面竹竿内侧有细长的弯竹衬作压条。

钻孔穿线板面：通过穿线使竹条中段固定，通过杆榫使竹条两端固定。

压藤板面：取藤条置于板面上，与下面的竹衬相重合，再用藤皮穿过竹条的间隙缠扎藤条与竹衬。

3. 藤的加工方法

藤的加工工序十分复杂，要经过蒸煮、干燥、漂色、防霉、消毒杀菌等多道工序（图4-32～图4-35）。

藤家具多用竹子做骨架，也可以使用藤来做骨架。因骨架的各连接处最终都要用藤皮包扎加固，从而制作骨架时可以用钉子固定。当构件呈丁字形连接时，横杆靠近端头处要预先打一小孔用于固定藤皮，当构件呈十字相交时，在两藤杆的接头处各锯一缺口，缺口吻合后再施钉加固（图4-30、图4-31）。

4.1.4 金属

金属硬度高，加工时又便于弯曲成型。材质表面具有光泽，有很强的现代感。现代家具常将金属与其他材料配合使用，以淡化金属材料本身具有的冷漠感。用于家具设计的金属材料主要有金属板、金属管、铝合金等。

金属板：用于家具制造的钢板一般是厚度在0.2～4mm的热轧和冷轧钢板。还有一种用塑料与薄板复合而成的复合板，具有防腐、防锈、不需涂饰等优点。

金属管：用于家具设计的管材主要是焊接管，根据剖面形状可以分为圆管、方管和异形管。

铝合金：铝合金的质量轻、强度高、延展性好、耐腐蚀性强。而铸铝合金一般用来制作家具的各种配件、连接件等。

金属家具的连接方法有：焊接、铆接、螺钉连接、装配件连接等（图4-36、图4-37）。

金属板弯曲成型的方法有：敲打成型、水压成型等（图4-38～图4-40）。

图4-36	图4-37	
图4-38	图4-39	图4-40

图4-36、图4-37 设计者使用焊接法将椅框与椅座焊接在一起。左图为该椅的各组成部分

图4-38～图4-40 金属板在水压机中压模成型

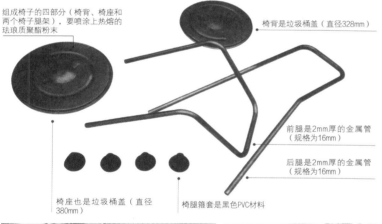

组成椅子的四部分（椅背、椅座和两个椅子腿架），要喷涂上热熔的珐琅质聚酯粉末

椅背是垃圾桶盖（直径328mm）

前腿是2mm厚的金属管（规格为16mm）

后腿是2mm厚的金属管（规格为16mm）

椅座也是垃圾桶盖（直径380mm）

椅腿箍套是黑色PVC材料

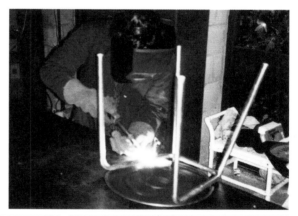

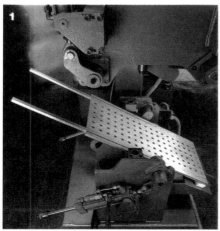

图4-41、图4-42 吹塑成型技术。将一根热塑料管放入两个半合起来的模子中，里面的压缩空气吹出，使得椅子成型

图4-41 | 图4-42

4.1.5 塑料

塑料曾是20世纪使用极为广泛的材料之一，但随着生态危机的出现，近年来，用塑料制作家具的趋势已日趋缓慢。由于塑料便于延展成型，也可赋予各种不同的色彩，价格低廉，自重较轻，因此成为家具设计师们喜爱的一种材料。

塑料家具的品种繁多，主要有以下几种：一是亚克力（Arcliycle）家具。具有较高的硬度、耐磨、手感圆润，外观温润，不同于玻璃的生硬感。二是聚碳酸酯家具（简称PC）。PC透光性好、抗冲击、阻燃性好、色泽亮丽晶莹，是可以反复使用的绿色材料。三是玻璃纤维增强塑料。

塑料制品都是通过模塑成型的（图4-41、图4-42），在模塑成型的过程中要注意以下几点：

第一，塑料制品都应有一定的厚度，即壁厚。塑料家具的壁厚直接影响其强度。

第二，由于塑料冷却时，塑料制品容易紧扣在凸模上，不易取下，所以设计塑料制品时，要在与脱模方向平行的表面设计合理的斜度，一般取30′～1°30′为宜。

第三，有些塑料制品较大，由于壁厚达不到强度要求，所以在制品的反面应设置加强筋。加强筋的作用是在不增加塑料制品壁厚的情况下增加其机械强度，并防止塑料件翘曲。

第四，塑料制品的内外表面及转角处应避免锐角与直角，宜设计成圆角。这样，不仅有利于物料填充，也有利于融液的流动和塑料件的脱模。

第五，对于塑料家具上孔的制作，可以事先在模具上预留好位置，注意这些孔尽可能设置在不影响塑料制品的机械强度的部位。孔与孔的间距不宜过密，最小不可小于孔的直径。

4.1.6 布、皮革、绳索等软材料

布、皮革、绳索等材料常用于覆盖或缝挂在其他材料（如木料、金属）所制成的框架上。由于布类材料质感柔软，有一定的弹性，触感温暖，与人体接触时使人感到亲切，所以设计师常喜爱选用此类材料制成厚软体家具和薄软体家具。皮革是软体家具中常用的材料，有天然皮革和人造皮革的区分。天然皮革主要来自于动物的皮毛，具有优美的肌理。其物理性质具有抗张力、耐磨、吸汗、易清洁等特点。缺点为：花纹分布不均匀，且价格较高。人造皮革是由高分子塑料PVC、PE、PP等吹膜成型的，表面经过喷涂处理模仿动物的皮毛。作为天然皮革的代替品，人造皮革价格低、肌理均匀、色彩丰富，因此人造皮革的应用也极为广泛。布、皮革、绳索等材料的常用加工方法为缝制和缠绕（图4-43、图4-44）。

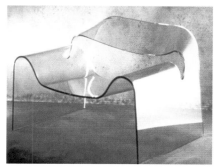

图4-43 棉绳材料制作的家具

图4-44 布类材料制作的椅子

图4-45～图4-47 玻璃置于熔炉中进行软化变形而成的玻璃家具

图4-43	图4-44	
图4-45	图4-46	图4-47

4.1.7 玻璃

玻璃也是家具设计中常使用的一种材料，用于各种台板、橱门等。根据不同的工艺，玻璃可分为平板玻璃和吹制玻璃两大类。玻璃具有光泽、耐磨、方便清洁等优点。玻璃的厚度通常为2mm、3mm、5mm、6mm、10mm等，设计所需的强度越大，所选玻璃的厚度应越厚。钢化玻璃因其承重量远高于普通玻璃且碎片无尖角，故更为安全。玻璃可以直接开孔和切割，也可以在高温的熔炉内加热后弯曲成型（图4-45～图4-47）。

4.1.8 纸板

纸板是一种廉价而环保的材料。20世纪60年代彼得·默多奇设计的"斑点椅"（图4-48），开创了纸板制作商业家具的先例，但它在挑战纸质椅力学性能方面不够理想。针对纸板承重的核心问题，设计师弗兰克·盖里彻底抛开了将硬纸板折叠成立体盒子座椅的常规思路（图4-49），转而专注于对材料本身的研究和实验。他发现纸板经层压后受力强度增加，1971～1972年，盖里利用纸板层压技术成功地设计了"边缘实验"椅子系列，不同方向交错的层压纸板具有灯芯绒般的肌理。此外，日本设计师设计的蜂巢椅将具有蜂巢结构的薄纸片包卷起来并层层堆叠，然后切割展开，从而形成椅子，这种蜂巢结构使椅子具有非凡的强度（图4-50）。用纸板制作家具既轻便，又便于运输和拆装，制作方便，价格低廉，如果不用了，扔掉也不觉得可惜。根据折纸方式的不同，纸制家具还可具有多种外在的形式，所以纸板家具具有很高的廉价美学价值。

4.2　家具的结构

家具的结构是直接为家具的功能要求服务的，因受到经济条件、材料和技术的制约，从而有了不同的构造形式。下面介绍6种主要的结构形式。

4.2.1　框架结构

框架结构是我国传统家具的典型结构形式。有两种主要结构形式，常见的一种是"木构架梁柱结构"，这种结构是由家具的立柱和横木所组成的框架来支撑全部的荷重，板材在其中起分割和封闭空间的作用。另一种是由框架组成家具的周边，并在框架内嵌板，分减横撑与竖撑所承受的荷重。

木框是框架结构的典型部件之一。最简单的木框是用横、竖的方材榫接而成的。横向的两端方材称"帽头"，竖向的方材称"立边"。如果在木框内再加上其他的方材，则横向的称"横档"，竖向的称"立档"（图4-55）。

木框角的连接方式有直角接合、斜角接合等方式。具体连接的样式如图4-51~图4-54所示。

4.2.2　板式结构

由板状部件通过各种连接方式组成的家具称为板式结构家具，它是一种由家具内外板状部件承重的结构形式。由于板式结构的加工工艺具有规范化、简洁的特点，便于机械化批量生产，因而得到了广泛的应用和发展。板的连接结构组成了板式家具的基本结构。板部件本身结构大多采用实木拼板或采用细木工板、人造板等，连接采用榫接合、胶接合、螺钉接合和连接附件接合等方式。

用实木制作板式结构的家具常会遇到将窄木条拼合成宽面板的工序，这就要采用拼木接合的方法，主要包括：平拼、齿形拼、搭口拼、企口拼、插入榫拼等方式。此外要注意同一拼板中零件的树种和含水率应当一致，以保证形状的稳定。

用板材构成框体时，板与板的接合方式有直角多榫、燕尾多榫、直角槽榫、插入榫、螺钉接合和连接附件接合等方式（图4-56）。

单面切肩榫

开口贯通单榫

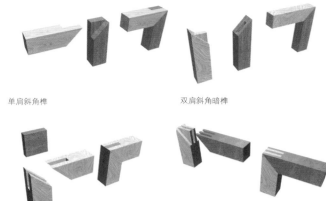
单肩斜角榫

双肩斜角暗榫

半开口不贯通单榫

开口不贯通燕尾榫

斜角插入方榫

斜角开口贯通双榫

直角不贯通榫

贯通双燕尾榫

横向垂直扣榫

纵向垂直扣榫

插入圆榫

直角槽榫

开口燕尾榫

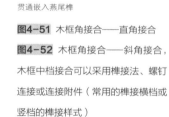
贯通嵌入燕尾榫

图4-51 木框角接合——直角接合

图4-52 木框角接合——斜角接合，木框中档接合可以采用榫接法、螺钉连接或连接附件（常用的榫接横档或竖档的榫接样式）

图4-53、图4-54 木框中档接合——榫接法

图4-55 木框榫接法的实际应用

图4-56 箱框结构

图4-51	图4-52
图4-53	图4-54
图4-55	
图4-56	

直角箱榫

直角箱榫

直角箱榫

燕尾箱榫

燕尾箱榫

暗槽榫

第4章 家具的材料与结构　　101

4.2.3 弯曲结构

弯曲结构指家具的主体或主要部件呈弯曲形态的结构。常见的弯曲结构家具有玻璃钢制造工艺、塑料吸塑或注塑工艺、多层薄木胶合板工艺等多种不同类型。

图4-57展示了在机械化生产的条件下，如何使用蒸汽压模人造板的工艺制造弯曲结构家具的流程。原木经传送带送入滚动轧刀，如同卷笔刀刨铅笔般，原木被层层刨成薄的木皮。裁好后的木皮被送入自动分拣机，根据木皮的质量，木皮被分为8个不同的等级。分拣后的木皮被送入车间待用。优等木皮被用于家具表层，次等木皮则被用于中间层。根据产品厚度的需要，将不同数量的木皮进行合成，并且相邻两层的木皮纹理呈45°～90°交错叠放，以增加木板对各方向拉力的承受度。通过模具将人造板塑造成具有一定弯曲度的形状。模具根据设计师的设计图加工而成，分为阳模与阴模。简单的曲面只要通过两个模具即可完成，复杂的曲面则需要更多的模具。成型后的合成板再进一步进行裁边和开槽处理，最后进行力学强度的试验。

图4-57 模压家具制作流程

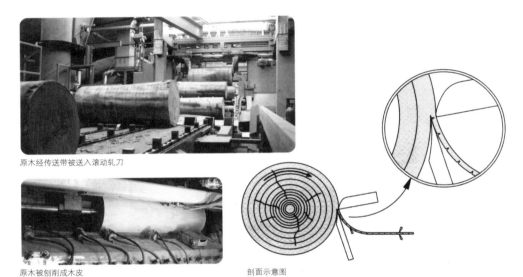

原木经传送带被送入滚动轧刀

原木被刨削成木皮

剖面示意图

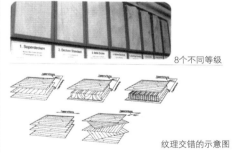

8个不同等级

纹理交错的示意图

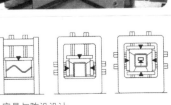

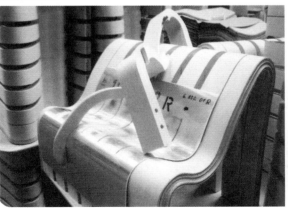

4.2.4 软体结构

凡与人体接触的部分由软材料构成的家具称为软体家具。软体结构包括薄型软体结构和厚型软体结构。

薄型软体结构也叫半软体结构，指用藤面、绳面、布面、皮革面、薄海绵等材料制作的家具。这些材料有的直接编织在座框上，有的缝挂在座框上（图4-58～图4-60）。

厚型软体结构通常由底胎（或绷带）、泡沫塑料、布艺面料构成，另有弹簧结构的厚型座面（图4-61、图4-62）。

图4-58～图4-60 巴西设计师设计的棉绳扶手椅（可以看作是薄型软体结构的家具，采用了绳子缠绕在框架上的制作方式）

图4-61、图4-62 厚型软体结构的家具及内部构造的分解图

图4-58	图4-59
图4-60	
图4-61	图4-62

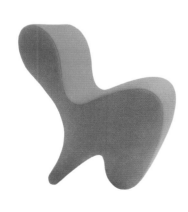

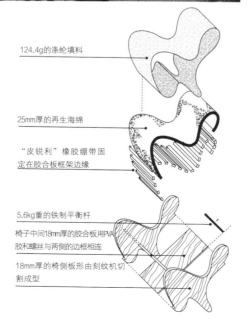

124.4g的涤纶填料

25mm厚的再生海绵

"皮锐利"橡胶绷带固定在胶合板框架边缘

5.6kg重的铁制平衡杆

椅子中间18mm厚的胶合板用PVAC胶和螺丝与两侧的边框相连

18mm厚的椅侧板形由刻纹机切割成型

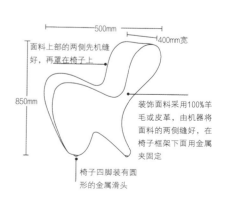

——500mm——

——400mm宽

面料上部的两侧先机缝好，再罩在椅子上

850mm

装饰面料采用100%羊毛或皮革，由机器将面料的两侧缝好，在椅子框架下面用金属夹固定

椅子四脚装有圆形的金属滑头

4.2.5　折叠结构

　　能折动或叠放的家具称为折叠式家具，主要有桌、椅、床。这种方式便于使用后的存放与运输（图4-63、图4-64）。折叠式家具有折和叠两种：折动式家具在设计时要注意折动的灵活性，还要保证家具使用状态的各种标准尺度；叠放式家具的结构形式要考虑叠放后家具整体重心的偏移程度，重心偏移越小，则叠放的件数越多。

4.2.6　充气结构

　　由各种气囊组成的家具称为充气式家具，使用者可以自行充气使用。此种形式携带方便，存放时占地面积小，适合旅游使用，可制成各种沙滩躺椅、轻便沙发和旅行用椅等（图4-65~图4-70）。

图4-63 名为Battista的长度可以调节的手风琴状折叠桌

图4-64 维格那设计的折叠椅，座位、靠背和腿构成单纯的X形的折叠方式

图4-65~图4-70 巴西设计师设计的"充气"桌。本款桌子的主体部分由PVC薄膜为材料的气囊组成，上下两面粘贴铝盘。气囊放气后，体积变小易于搁置

图4-63	图4-64	
图4-65	图4-66	图4-67
图4-68	图4-69	图4-70

课题设计：坐具或置物架的设计

[设计内容]

设计并制作一件可以满足坐的功能或可以存放物品的家具，然后根据构思为这件家具起个合适的名字。

以3人为一个设计小组共同设计制作。本课题除设计外，还需制作实物模型。

[命题要点]

1. 该课题设计的范围具有广泛性：

坐具包括凳子、椅子及一切可供人体倚靠并支撑人体的家具（注意：仅提供人体倚靠而不实现"坐"动作的家具不在本设计范围内）。

置物架包括书架、CD架、杂志架、衣架等。

2. 使用地点的广泛性：如教室使用、居家使用、办公室使用，甚至是郊外旅游时使用。

3. 使用对象的广泛性：为自己或为他人，为一个人或多个人均可。

4. 使用方式的广泛性：台式的、悬挂式的、移动式的、落地的。

[注意点]

1. 该课题主要考查学生对制作家具的材料和结构的理解与掌握情况，需要从实际的角度考虑材料及加工方法。

可供参考的常用材料：

（1）实木框架（木条）；

（2）各种人工板材；

（3）有机玻璃；

（4）纸板；

（5）布类（编织物、绳子等）；

（6）金属管、金属板等。

2. 设计的物品应具有良好的结构和一定的承重能力，最终的作品必须经过试坐和放置物品的检测，以没有坍塌为合格的标准。

3. 设计的尺度必须与人体尺寸相吻合。

4. 以小组为单位进行设计。

[时间安排]

共5周

第1周：资料收集、构思草图（每组不少于20个）、徒手画草图。

第2周：方案讨论、制作三视图、制作效果图。

第3周：购买材料并制作模型。

第4周：制作模型。

第5周：产品摄影（制作推荐海报）和后期文本。

学生作业示例

示例一：七宝天一格

设计简评：

"七宝天一格"的名字源于传说中神仙放置仙丹的多宝格，它由五彩祥云制成，形象多变。这个设计的着眼点就是多变的使用方式，造型由中国传统家具的多宝格演变而来。该构思的重点在于设计一个极为方便插入和取下的杆件结构。设计者选用了膨胀螺母、螺纹牙条来解决这个问题，基本上满足了设计需求，也方便加工制作。

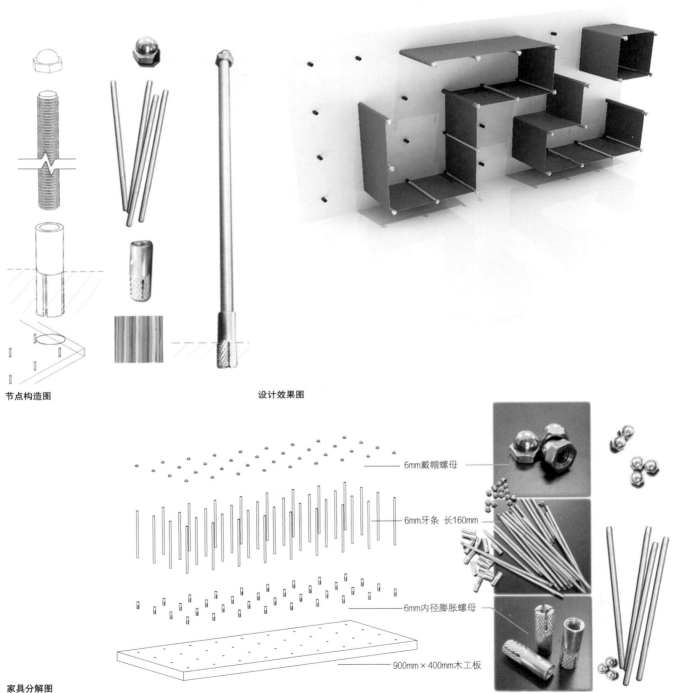

节点构造图

设计效果图

6mm戴帽螺母

6mm牙条 长160mm

6mm内径膨胀螺母

900mm×400mm木工板

家具分解图

制作步骤1 裁板

制作步骤2 磨边

制作步骤3 在木板背面用笔做好打孔记号

制作步骤4 施胶

制作步骤5 钻孔

制作步骤6 贴面

制作步骤7 孔中敲入膨胀螺母

制作步骤8 在螺母中拧入牙条

制作步骤9 穿上布条，旋上盖帽螺母

制作步骤10 整理成形

制作步骤11 完成

示例二：仙后座

设计简评：这个家具的造型源于仙后座，它既可以是双人坐凳，也可以是一个小茶几，同时还具备储物的功能，可以说是一件非常实用的多功能家具。设计使用了金属管做材料，螺钉接合的方式以及五个并置的X形结构，保证了家具的折叠功能，在受力方面非常合理。在管子上开的三个调节孔使家具可以调节到任何高度，使用上更加多元化。此外，柔软的布料减少了金属的冷漠感。

效果图

制作步骤1 切割钢管

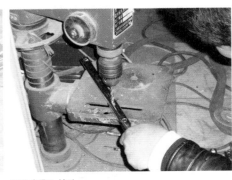

制作步骤2 钻孔

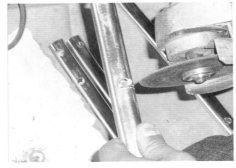

制作步骤3 开槽

制作步骤4 安装框架

制作步骤5 缠绕布条

制作步骤6 完成置物架部分

制作步骤7 安装可拆卸的坐垫

制作步骤8 完成作品

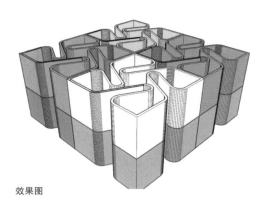

效果图

示例三：BOOK SHELF

设计简评：这件家具设计者致力于设计一个不断重复的模板单位，并使用不同的色彩创造出既实用又美观的家具。设计的重点在于基本单位的造型是否具有可延展性，同时连接后形成的空间是否巧妙而且实用也是重要的考验。总的来看，这个设计无论是作为书架，还是储物架，都能满足功能需求，也不受场地的限制，多种颜色的组合使产品具有时尚感。在模型制作时，设计者采用了金属铝板和压模弯曲成型的技术。

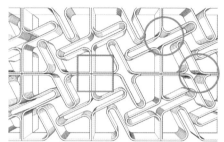

节点图

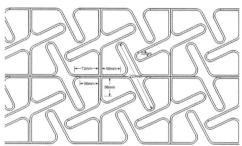

制作步骤1 描绘图纸

制作步骤2 准备工具

制作步骤3 在木板上锯出设计的形状

制作步骤4 由上下两块木板和直径相同的钢管做成的模具单元

制作步骤5 两套模具单元的组合

制作步骤6 用铁皮压紧模板弯曲成型

制作步骤7 照上面的步骤完成其他的单元

第5章
家具的造型原则和设计策略

本章简介： 家具不只是一种简单的功能器具，也是一种丰富的信息载体和文化形态，寄托了人们的精神追求。从家具的造型中我们可以解读出丰富的内容，比如设计者的审美态度、文化品位、生活态度等。同时家具的造型也与社会文化环境有关。当人们步入信息时代后，文化、审美，甚至是生活的方方面面都发生了改变，此外，前人的设计，特别是第三代设计大师的辉煌成就使人们感到无法超越。在这个前提下，本章将讨论家具设计的造型原则及设计构思策略。

教学目标： 1. 理解家具造型美的法则，并能用这些原理指导具体的家具设计；
2. 通过研究现代家具设计构思策略，能够拓展家具设计的创意思维。

图5-1 黄金比长方形
图5-2 根号长方形。以正方形对角线的长度作为长方形的长边所形成的长方形，又以该长方形的对角线作长边所形成的长方形。如此等等，可顺次画出无数根号长方形

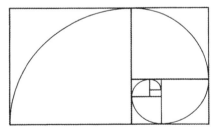

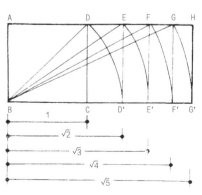

5.1 家具造型原则

设计者的构思最终将落实于有具体外形的物件上，家具的造型设计就是研究家具以何种外在形态展现在大家面前。任何形态最终都可以简化为点、线、面、体，关于家具点、线、面、体的基本形态我们已在人与家具章节中讨论过，本章不再赘述。这里主要讨论家具造型的美学规律，这些规律包括：对称、平衡、对比、统一、节奏、韵律、比例等。

5.1.1 比例

凡是出色的家具都具有良好的比例关系，这不仅体现在家具整体的长、宽、高的比例关系上，同时也体现在家具的整体与局部、局部与局部的比例关系上。

比例关系可以是数值上的、数量上的，甚至可以是感觉上的。适当的比例关系可以使家具的形态呈现美感。

在决定家具的比例关系时，首先要考虑不同使用环境和不同使用者的尺度，它们的尺度大小决定了家具的整体尺寸。在此基础上对家具的形态进行各种比例关系的推敲，要注意使用一些美的比例，如黄金比、根号长方形、级数比（等差级数比、等比级数比）等（图5-1、图5-2）。

把一根线条分成大小两部分，使小的一段与大的一段之比与大的一段与整

个线条之比相等，这样的比率被称为黄金比。我们将长宽比为黄金比的长方形称为黄金比长方形，它被视为优美形态的典型。在这个黄金比长方形中隐含着一些生物成长的原理，并且能无限复制，因此被视为"完美"。

5.1.2　平衡与对称

平衡指家具各部分相对的轻重关系是否表现出一种安定的感觉。这种轻重的感觉是由家具各部分的体量关系和不同的材质对比而形成的。平衡不仅表现在尺度上，而且表现在造型、色彩、肌理等各种关系的综合平衡上。

平衡关系包括对称平衡与非对称平衡两种。前者有对称轴，轴的两边相当部分完全对应（图5-3）；后者则是指平衡中心两边形式不同，但仍然表现出一种安定感，又称为均衡关系（图5-4）。均衡关系不如对称平衡关系稳定，但形式更灵活，更具变化性和生机。

5.1.3　对比与统一

统一指协调性与一致性，统一的原则应包括对要素的选择，使它们具有一定的共性。如造型上某种形式的重复使用，色彩关系上采用色相和明度接近的色彩，材料上选择相互协调的肌理搭配，以取得呼应的效果。

对比是与统一相对的概念，强调变化性与差异性，表现为互相衬托。家具设计中，从整体到局部，从单体到成组，常运用对比的方法来突出重点，取得变化的效果。对比包括形的对比、方向的对比、色彩的对比、质感对比、虚实对比等（图5-5~图5-7）。

应该注意的是，对比与统一虽然是一组相互对立的概念，但在家具设计中，家具造型的统一并不排除一定的对比关系。太过统一显得呆板，太过对比则显得杂乱，设计者应很好地在对比与统一中找到均衡点。

图5-3	图5-4
图5-5	图5-6	图5-7

图5-3、图5-4 对称关系与均衡关系的两款家具

图5-5 这件家具显示了虚实对比、大小对比、垂直与倾斜的对比，但总体造型统一于长方的几何形象之中

图5-6 平面与曲面的对比、大块面与小块面的对比、深色与浅色的对比

图5-7 玻璃、金属、棉布的质感对比

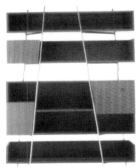

图5-8 图5-9
图5-10 图5-11

图5-8～图5-11 连续的韵律、渐变的韵律、起伏的韵律、交错的韵律

5.1.4　节奏与韵律

造型设计上的韵律感基于空间与时间中要素的重复，这种重复不仅创造了视觉上的整体感，同时也引导观察者的眼与心在同一构图之中做连续而有节奏的运动。韵律可借助形状、颜色、线条或细部装饰而获得。在家具造型时，对重复出现的形式巧妙地组织、进行变化性处理是十分重要的。

常见的韵律形式有以下几种：

（1）连续的韵律：由一个或几个单位组成，按一定距离连续重复排列（图5-8）。

（2）渐变的韵律：在连续重复排列中，将某一形态要素作有规则的逐渐增加或减少而产生的韵律（图5-9）。

（3）起伏的韵律：在渐变中，形成波浪式起伏变化的韵律，作用是取得感情上的起伏效果，加强造型表现力（图5-10）。

（4）交错的韵律：有规律的纵横穿插或交替排列所产生的一种韵律。在具体运用中，有时也可以通过交错韵律的重复而取得韵律效果。交错的韵律较多地用于家具的装饰细部处理（图5-11）。

5.2　家具设计构思策略

过去的几十年间，社会经历了无数变化，对我们的生活方式造成了巨大的冲击，这不仅表现在日常生活内容上，还表现在美学方面，包括设计理念的变化。现代最大的特征便是信息化的影响，人们相互交流、相互联络达到一种无所不在的地步，这就使人们在高度分享信息和他人隐私的同时产生了一种不安全感，因而人们对家具的需要将更加倾向于提供舒适和相对隔绝的环境，尤其是努力使身边的每一件家具变得善解人意，让人们能够得到充分的放松。此外，信息资源的丰富，使人们对家具的造型要求更高，希望能选择有个性的、特别的产品。由于环境恶化而引起的人类反思，使环境保护与生态设计也成为今后设计的主要方向。这里我们将对各种构思角度一一展开讨论。

5.2.1　对经典的回归

随着科技的发展，现代文明的优点和弊端都同时呈现在人们的面前，如缺少关爱、环境恶化、秩序混乱等，这引起了部分设计师的反思。对过去设计大师的经典作品或传统文化进行重新审视，从中仍然可以发现不少现代设计的灵感来源。将旧有形式进行简化、运用新的秩序或新的材料使它们产生新的面貌是设计构思的策略之一（图5-12~图5-15）。

如日本设计师矶崎新1972年为意大利一家设计公司设计了名为"玛丽莲"的椅子，其设计理念融合了日本传统艺术与美国大众消费文化的精神。在设计中，他将椅子的设计方式与日本的"和歌"的创作方式相联系，认为"和歌"的创作原理是作诗的重要方式之一，这种作诗的方式在一定意义上可以看作是用一种古典语言来建立新的句子和新的设计方式，实际上采用了抽取、综合的方式，如同"和歌"创作中"典"的手法。矶崎新设计椅子的灵感来自于麦金托什的高背椅和美国性感明星玛丽莲的体型，这两种初始的意向经设计师的组合运用，互相渗透，形成一种特殊的表达语言和设计形象。

图**5-12** 榫卯的重构：这款椅子入选美国IDEA设计奖，中国设计式样简洁，采用了中国明式家具中经典的榫卯工艺，是一种对传统经典的致敬

图**5-13** 榫卯是中国古代建筑、家具及其他木构机械独一无二的结构方式，是在两个木构建上采用凹凸部位相结合的一种连接方式

图**5-14**、图**5-15** 65工作室设计的"玛里琳椅"、图5-13可以看作是以达利在1936年设计的唇形沙发

图5-12	图5-13
图5-14	图5-15

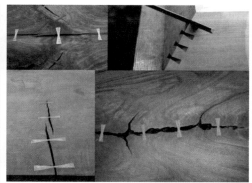

5.2.2　有机的设计

人们从19世纪开始对自然生命的研究，并从鱼、鸟、花卉等有机形态的效能使用中获得启发，设计了大量非几何造型的产品，我们称这种设计为有机设计。爆发于20世纪初的英国工艺美术运动和欧洲的新艺术运动，可以说是早一代设计师对有机设计的一种尝试。而今天，对于生物题材的运用和改造已经将简约、环保的意识注入其中，除了将生物的形态、结构进行演绎之外，更重要的是附加了绿色与人文的观念，引申了生物体的自然含义和观者的反思（图5-20、图5-21）。

自然形态的完美造型是经历了长时间的优胜劣汰后自然科学选择的结果，因而那些独一无二的有机形式可以启发设计师的灵感。无论是模仿动物、植物还是其他生物的外形，以及它们的构成原理，都能使家具在形态上具有几分亲切感（图5-16、图5-17）。

如Rossella设计的家具Dino sofa，长约6m，造型模仿巨形恐龙的遗骨。整个沙发具有如恐龙脊椎般侧弯的圆弧形状，有别于普通沙发长条形的传统设计，提供了内外两侧座椅弹性的舒适排布。整套脊椎沙发还可以按骨节单元自由拆分组合，在室内空间限制下放置为两排，或其他更多布局。Dino sofa的设计初衷不只是简单的室内家具，还可用于酒店、飞机大堂等处，同时也可放置在公园等户外场所（图5-18、图5-19）。

图5-16、图5-17 模仿动物造型的家具设计

图5-18、图5-19 Rossella设计的Dino sofa

图5-20、图5-21 西班牙设计师设计的家具"屋里的草原"（又名"飞毯"），家具在造型上模仿了草原地势的起伏，人们可以用各种姿势依偎在家具上，使人产生回归自然的感觉

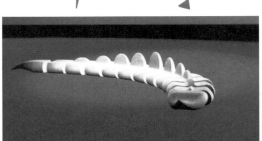
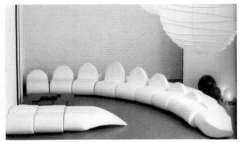

图5-22 正六边形的搁架单位因各边长度相等，所以在上下左右的各个方向上都可以延展，使用者可以根据需要自行组合

图5-23 根据七巧板的造型原理设计的家具单位也可以组合成各种图形

图5-24 hm83的设计灵感来自于分子结构，是一个可组合的模数设计，每个单元有六个座位，有若干种不同的组合方式，流畅的曲线使产品看上去更为轻巧

图5-25、图5-26 由Francois Bauchet设计的"Yang"沙发。它获得法国2002年巴黎国际家具博览会年度设计大奖。该设计为一组由整体形状切割而来的单元组成，用户可根据具体情况选择购买

	图5-22
图5-23	图5-24
图5-25	图5-26

5.2.3 单元组合式设计

设计师设计出简单的单元个件，由使用者根据自己的不同需要进行多样组合，这是单元化设计提供给使用者最大的乐趣。单元化的设计从形态上来说为用户拓展了灵活使用的可能性，成品家具不再是以往概念中固定不变的东西，而是可以重新创作的。这种"再设计，再创作"中带来的喜悦迎合了现代消费者追求个性、期望与众不同的心理（图5-23、图5-24）。

相同的单元可以利用连接件或以本身形状优势多样连接是该设计思路的主要特点，设计时要充分考虑单元形状的可延展性与灵活性（图5-22）。另一种单元化设计的方法是：单元的形状由整体形状切割而成，从而形成配套的单元式系列家具，单元之间可分可合，显示了对环境的适应性能，也会吸引消费者成组地购买（图5-25、图5-26）。

5.2.4　艺术化设计

产品设计的目的是为了人，具体地说，就是为了人的生活。艺术化的生活一直以来是人类追求的目标之一，是人类向往的一种自由、美好，且更是符合人的本性的生活，家具等产品因其具有艺术设计的品质而具有更多的超越实用功能以外的精神功能。在当今的时代背景下，人们越来越追求那些能引起自身共鸣的作品，这就要求设计师必须比以往任何时候都需要更加关注设计与艺术结合的问题。艺术化设计主要表现在三个方面：一是直接从纯艺术门类中汲取灵感，借用它们的形式、观念或创作方法来设计家具；二是在家具设计中直接加入装饰要素，使家具样式更为多元化；三是强调作品的个性与风格，使家具充分体现设计者个人的情感价值。

在纯艺术门类中，与设计学科最为相近的是雕塑，因此家具设计的外形与现代雕塑相融合是当今艺术化生活方式的必然结果。雕塑式的家具设计使人们展现自身的独特的审美品位成为可能，人们可以从这些介于雕塑和家具之间的作品中感受到比艺术或设计更多的东西（图5-27、图5-28）。

装饰曾被认为是传统的特征之一，现代设计曾一度摒弃装饰，认为"装饰即是罪恶"。但由于现代主义自身追求的单纯与简洁已逐渐不能满足现代人追求变化、追求个性的需要，因此装饰作为家具设计重点的趋势又重新回到当今的设计舞台。多种多样的色彩和繁复的图案效果是这种设计构思的主要特点（图5-30、图5-31）。

在后工业时代，个性审美被提升到重要的位置，追求个性化的生活方式已经成为当下追逐时尚的一种潮流，人们对家具的选择不再停留于功能方面的满足，而是需要具有精神内涵的设计作品。家具的造型便成为了在感性前提下精神和感情的外化表现，因而具有艺术气质的设计作品便充当了使大众个性化意识在生活中得以表现的角色而倍受推崇。艺术化的设计往往带有强烈的个人主观色彩，具有个别的、非普遍性的特点，在设计中体现为强调设计师个性及个人风格的设计理念（图5-32）。

5.2.5 生态型设计

生态型设计或环保型设计引起人们关注的时期是在20世纪最后的20年间。由于高科技引发了全球环境的恶化，如何保持生态平衡，减少对环境的污染和避免对自然无止境的索取成了现代设计师的责任。1998年由美国社会学家保罗·雷（Poul Ray）出版的《文化创造：5000万人如何改变世界》提出了一种所谓的"乐活"的生活观，指人们在消费时会考虑到自己和家人的健康和环境的责任，这一观念的提出与环境的恶化产生的恶果直接相关。如今，乐活的生活方式已经被世界上越来越多的人所接受，生态型设计也成为当代设计师最感兴趣的设计方式之一。如果设计师在设计之初就对物质与能源消耗的循环方式进行思考，着眼于人类长远发展的社会意识，那人类的生活环境必将是可持续发展的。生态型设计主要表现在如何循环使用原材料，减少对自然的索取，使产品不会分解或释放出污染环境的物质。其中，如何循环使用废弃物更是当代设计师们感兴趣的课题。在家具设计界，也有不少前卫的设计师不断尝试再利用设计（图5-36~图5-41）。

如巴西设计师坎帕那兄弟在对各种非主流家具材料进行实验的过程中，挖掘被消费者遗忘了的现成品材料和工业废料，创造出反映巴西市井文化的作品。Favela椅是利用巴西松木碎片制作而成的，同时，由人工随意钉接和胶接而成的椅子是巴西贫民区东拼西凑的棚屋建筑的写照（图5-33）。坎帕那兄弟设计的成功，对发掘那些不起眼的低劣材料或回收利用被抛弃的工业废料是一种启示。又如，英国设计师将回收的香波、洗洁剂的瓶子搅碎，热压成塑料薄板，创造出一种可以用传统木工工具加工的绿色材料。R.C.P回收塑料椅就是利用这种绿色材料制作的"绿色"家具，色彩丰富、廉价并具有可消费性（图5-34）。

在此我们可以看出，当代设计师在理智地回应经济、生态等方面的问题所做的努力。生态型设计（也可称为绿色设计）正越来越多地成为家具设计师们共同关注的话题（图5-35）。

图5-33	图5-34	图5-35		
图5-36	图5-37	图5-38	图5-39	图5-40

图5-33 巴西设计师坎帕那兄弟设计的Favela椅

图5-34 英国设计师Jane Artfield设计的R.C.P回收塑料椅

图5-35 废布料重新使用设计出新的家具，它们提醒人们对环境的保护，形式成为次要的事

图5-36~图5-40 实验性质的再利用设计（以废弃的垃圾桶为材料，设计出可以使用的家具）

图5-41（a、b）Garden Bench花园长椅〔从花园里采集的垃圾（干草、树叶、枝条）用高压拉伸器加工，使压缩后的天然材料增加强度。到使用寿命后，还可以还原成复合肥料，体现了植物降解家具的实践理念〕

（a）

（b）

5.2.6　谐调式设计

简而言之，谐调式设计就是可以变化的设计，通过形式的局部改变产生多种功能，满足不同的需要。一物多用和灵活的机动性是该设计思路主要考虑的两个方面。如何使家具变得更"聪明"、适应性更强，一直是家具设计师们追求的目标之一，谐调式设计正是这种设计思路的直接体现。用户所购买的家具不止一个功能，而是通过简单的折叠或翻转产生新的用途，这对以实用为目标的消费者来说极具吸引力（图5-42~图5-47）。

图5-42 可以翻转成楼梯的椅子

图5-43~图5-46 既可以变成座椅又可以变成躺椅的设计

图5-47 为公共场所设计的座椅可以方便椅子两侧的人随意入座

图5-42	图5-43	图5-44
	图5-45	图5-46
	图5-47	

5.2.7 幽默式设计

幽默是一种生活态度。在现代人的生活中，生活节奏加快，竞争越发激烈，使人们感到前所未有的压力与焦虑，因此对于乐趣的追求，成为缓解压力和暂时逃避的一种手段。家具有时也可以成为一种幽默的喜剧要素，使人们从紧张的生活状态中分离出来会心一笑，正如德国布罗造型公司所言"产品不仅需要完美的功能和生态学，更需要一种诗意。我们总是尝试着在产品中加入一丝感情，甚至是一个小玩笑"。幽默式设计的方法多样，如赋予家具以人物的某些特征，放大常见物品或是以讽刺的态度来对待设计等，都可以产生幽默的效果；也有一些设计作品是着眼于使用者在使用过程中所产生的乐趣，如前文中提及的美国设计师派西的成名作为"UP系列座椅"就是将购买椅子的行为变成一件极为有趣的事（图5-48~图5-55）。

图5-48 挤压后的书架以其怪诞的形象表现出设计师对现代国际主义冷漠设计的反思和讽刺，这是一种冷幽默

图5-49、图5-50 将一些常见物品放大产生幽默效果的设计方法。如图中将木碗、键盘放大后变成坐具

图5-51、图5-52 以简化抽象的人形设计而成的童话般的家具，十分轻巧，其形象也较诙谐

图5-48	图5-49
图5-50	
图5-51	图5-52

图5-53 两侧的扶手可以随意产生不同的形式，如同被爱人拥抱，使家具也富有生命、富有情感

图5-54 手拉手的椅子

图5-55 这是一个类似跷跷板工作原理的设计。使用时必须由两个人共同参与，即使隔着墙也必须配合默契，否则两人均坐不安稳。这个设计提供了陌生人之间交流与沟通的机会，使坐变成一种突破自我封闭的有趣的事

图5-53	
图5-54	图5-55

5.2.8 借鉴式设计

借鉴式设计也可称为换置与重构的设计方法，具有两种设计思考的角度：其一，指在设计家具时从其他现有的工业产品或是建筑形式中获得启发，并借鉴其形式、结构或材料等方面的优点，用家具设计的眼光重新审视，从而寻找到新的灵感。这是一种求同的设计思维方式。如中国明式家具就借鉴了古典建筑框架结构的形式，使受力更加合理。其二，借鉴当代装置艺术中解构重组的概念进行日常用品的再设计。自2003年由日本设计师原岩哉策划的"Re Design"设计巡回展以后，"再设计"成为一种新的设计视角。它是指在原有物品的限制条件下，以改良、置换等手法展开的设计行为；即在原有物品的固有形式基础上，将其各要素的功能与形式进行延伸与转换，以改头换面的手段使原有物品展现出新的功能与面貌（图5-56~图5-60）。

借鉴式设计所展现的设计理念决不仅仅是现成物品的材料与形式的重组与置换，更重要的是传达了一种对生活方式重塑的概念，它展现了设计师对物品原有价值的再思考，使人们进一步感受到设计的创造力。

图5-56、图5-57 借鉴螺旋桨的造型设计的座椅。本来坐下意味着静止，但设计师使用逆向思维，采用视觉效果上是运动的螺旋桨造型，使人们产生坐在椅子上飞的联想

图5-58 借鉴超市手推车的形式设计的可移动的椅子

图5-59 从电工爬电线杆的脚蹬获得的灵感，改造成为一个可以挂在树上或电线杆上坐的家具

图5-60 草耙犁转换成椅子的靠背，给人奇妙的视觉感受，在功能上也不失舒适感

图5-56	图5-57
图5-58	图5-59
	图5-60

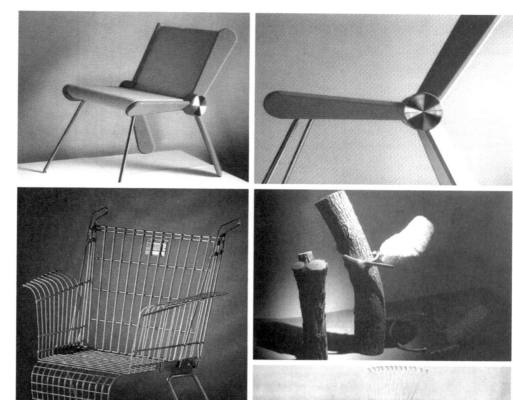

5.2.9 简洁式设计

随着现代科技的进步，人们置身于一个设计高速发展、商品极大丰富的社会环境中。家具品类繁多，令人目不暇接。从中人们可以发现多元化的设计思想长期并存的现象，甚至允许各种相互矛盾的设计思路同时并存。所以，当代设计与装饰化设计思路相反，线条趋向简洁、设计语言凝练的家具设计仍是一种非常重要的趋势，其产生的原因有以下几方面：

（1）受早期功能主义的影响，如密斯的"少即是多"在当今仍有极强的生命力。

（2）受东方设计，尤其是日本设计艺术的影响。

（3）受目前备受重视的生态设计的影响，强调生态保护意识，其中一项最重要的内容就是对原材料的节约和合理使用。

简洁式的设计发展和完善了"现代主义"，倡导一种理性的设计精神。在设计家具时除了强调实用功能外，还十分关注细节的完美，追求高品位，作品风格极为简练。设计师在设计时保持一种克制的态度，认为设计本身不能做得太多，要留有余地（图5-61~图5-63）。

图5-61 图5-62 图5-63

图5-61~图5-63 极简风格的家具

5.2.10 功能延伸式设计

家具是人们生活方式的一种体现。作为一种产品而非纯艺术，家具首先必须具备满足人们某种实际需要的功能。因此研究和挖掘更多的生活需求，从而拓展家具的功能就是功能延伸式设计的主要设计思路。人的需求是多样化和无止境的，人与物的关系也呈现出相应的复杂性。当新的行为方式产生，使用场所发生变化时，一些特殊的生活需求也随之而来。因此，设计师可着眼于满足特定场所中的特殊行为需求而将功能进行延伸，这种延伸是形态外延的增加，或是原功能要求的进一步深化（图5-64~图5-66）。

图5-64 柱椅。考虑到公共场所提供人们暂时休息使用的公共家具，平时可以收起，使用时撑起一个三角形平面

图5-65 挂椅。可以挂在较矮围墙上的椅子，这是在特定场所使用的家具

图5-66 墙椅。人可以暂时被挂在墙上休息

图5-64 图5-65 图5-66

5.2.11 参数化设计

计算机参数化设计代表我们身边正在发生的一场设计革命，代表21世纪的新学科如信息、生物、环境科学已经深深地影响到设计领域。特别是计算机技术为设计提供了新的平台，它使设计者可以通过计算机语言来模拟影响家具设计中的设计参数，形成软件参数模型，然后通过软件技术输入参变量数据信息，并将之转化为图形，这个图形就是设计雏形。根据设计雏形，设计者可以依据其他因素的影响进一步调整，从而得到符合设计要求的结果。参数化家具设计不同于计算机辅助生成效果图，他是一个利用变量的"找形"过程。将影响家具设计的各要素，如环境要求、人体动态特征等变成规则和算法，利用计算机形成信息反馈，从而实现家具形态在环境外力及人类主体行为动态相互作用下形体的自组织生成目标。参数化设计的家具多具有流动性，平滑的外观，显示了一种自由的、连续的、活动的特征（图5-67~图5-74）。

图5-67、图5-68 野兽躺椅。这个躺椅是物理参数与数码技术相结合的有机整体。它采用了细胞状云形模式提高表面积所占比例，能为身体提供更多的休息方式

图5-69、图5-70 高迪椅。形状上采用了高迪设计教堂时同样的方法，通过制作悬挂链的模型用重力确定最大的荷载及最合理的形状

图5-71、图5-72 分形桌子。通过研究自然界中生物的分形生长模式设计出的桌子。分形的魅力在于其生长和有机的特点，也在于其数学特征。分形桌由单片SLA环氧树脂制成

图5-73、5-74 "印象太湖石"接待台；设计单位：东南大学建筑学院建筑运算与应用研究所。借助计算机编程，用数据驱动数控设备来完成加工与建造的过程。

图5-67	图5-68
图5-69	图5-70
图5-71	图5-72
图5-73	图5-74

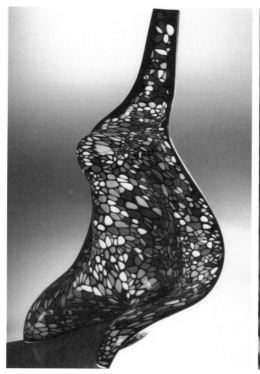
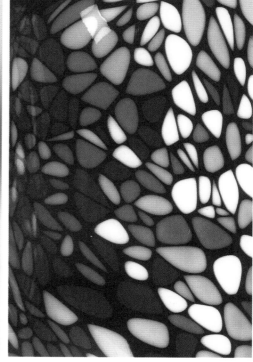

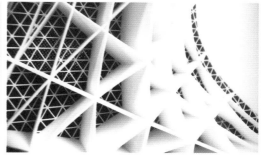
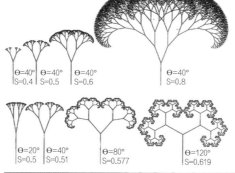

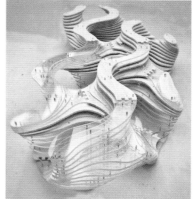

第6章

家具设计的程序

本章简介： 家具设计的程序并非是程式化的步骤。它可因人而异，根据不同设计者自身的领悟能力，以及他们在日常设计中的体会和知识的积累而具有不同的形式。但是对于初学者而言，由于设计经验的缺乏，他们对于如何进行家具设计，以及家具设计的整个过程仍感到非常困惑。本章主要介绍家具设计一般的、可遵循的规律和方法，提供一条有形的设计思维轨迹，帮助初学者尽快走上设计的良性轨道。

教学目标： 使学生能够掌握家具设计常用的步骤与方法，并据此指导具体的家具设计实践。

6.1　家具设计的原则

家具在生产制作前的设计应包含两个方面：一是造型的设计，指对所设计的家具将以何种造型出现进行一种设想与计划；二是生产工艺流程的设计，指实现家具的内在基础，如结构的设计、加工工艺的设计等。要保证家具实用、美观、经济、安全，必须遵守以下几条原则：

（1）功能性强。任何家具都必须满足人的特定需求，或坐、或卧、或储、或放。每件家具都要满足使用功能方面的要求，并且坚固耐用。

（2）尺度合理。家具的尺寸必须符合使用时人体的尺度范围。

（3）结构合理。在设计家具结构时，必须保证家具形状的稳定、具有足够的强度并适合生产加工。

（4）造型美观。家具除了要满足使用功能外，还必须满足人们的审美需求。丰富多彩的家具能有效地提高人们的生活质量。

（5）经济节约。在家具设计的过程中要有节省资源的意识，家具要达到物美价廉的要求，首先应便于机械化、自动化生产，从而减少工时、降低成本。

6.2　家具设计的程序

6.2.1　确定设计定位

家具设计的任务可能是设计者受业主的委托而进行的，也可能是设计者自己提出的自由创作的任务，但无论哪一种，在进行设计之前必须要先了解该项设计相关的设计要求、明确设计任务，这一步骤提供了有效的设计依据，确定了设计的定位，从而避免了设计者因一时兴起而忘记原来的主题与设计目的，走向与原来设计要求完全无关的方向。

一项设计通常包含以下几个方面的具体要求：

（1）设计何物——指必须明确该项设计的具体要求，设计的家具是什么。是桌子还是椅子？如果是桌子，是办公桌还是餐桌？如果是椅子，是沙发椅还是餐椅等。

（2）为何人设计——这个家具是为什么人设计的，是男是女？是老是少？他们属于何种阶层？有什么特点？有什么好恶等。

（3）在什么地方使用——这个家具是在什么环境中使用的，是在住家中使用？或是在公共场所中使用？还是在郊外旅游时使用等。

（4）何时使用——这个家具是在什么时间使用的，是在白天还是晚上？是临时使用还是长期使用等。

（5）如何使用——这个家具在使用方面有何要求，是需要一个较大的空间用来存放物品还是只放置一些小型的装饰物品？是需要采用可折叠式结构来节约空间，还是选用便携式、移动式等。

在动手设计和勾画草图之前，首先应在头脑中考量上述几方面的问题，这就是设计构思的开始。构思的过程就是不断调整这些设计因素的相互关系、使之明确化的过程。这样，此次设计的方向就逐渐明确化。

举例说明：为幼儿园的活动室设计一张儿童用椅。

分析：（1）设计物为一张椅子，可供坐下休息和上课使用。

（2）专为4～5岁的儿童设计，要求符合儿童的生理及心理特点，尺寸上要满足儿童特殊的成长需要，在造型与色彩上要符合儿童的审美趣味。

（3）该椅在幼儿园的活动室内使用，这里是儿童日常游戏、上课、饮食的场所，椅子的设计应满足上述各种活动需求，而且必须轻便、方便移动。

（4）长期使用的家具，要具有一定的耐磨性。

（5）由于专门为儿童设计，该椅在安全方面的考虑应比其他椅子更全面，比如：椅子的制作材料在任何情况下不应释放出有毒的气味，椅子不宜侧倾或后倾，椅子不易砸伤儿童等。

（6）定价不宜太高。

经过上述分析，对于要设计的物品设计者有了最基本的考虑，它大概地指明了设计的方向与设计的范围，从而不会使初学者感到无从下手。

6.2.2　收集资料，进行分析

资料收集与整理是设计的重要步骤，通过这一步骤，设计者可以从他人的作品中吸取有益的部分、开阔视野、触发灵感，从而形成自己的设计构思。这种收集既依赖于平时的积累，又来源于针对该项设计进行的专门收集资料的来源广泛，一般来说，查阅书籍资料与进行市场调查是两条便捷的途径。

在广泛收集资料的基础上，应展开对资料的整理与分析。首先从众多资料中选出部分有研究价值的内容进行深入研究，分析其设计的法则、构思的思路和产品的优缺点，对于细节（如节点、装饰等）也要注意，如果是实物还应进行测绘。

分析的内容包括：

（1）使用状态的研究；

（2）尺寸的研究；

（3）材料及加工方法的研究；

（4）构造的研究；

（5）细节的研究；

（6）设计者设计思路的分析。

6.2.3　草图与构思

在经过设计任务分析与资料收集这两个程序以后，设计者的脑海中已形成了初步的设计概念和雏形，此时可以用草图的形式将之记录下来。

草图就是快速将设计构思记录下来的简便的图形，它通常不够完善，但却直观地反映了设计者的设想。草图一般采用徒手画的方式，用便于表现修改的工具来操作。一般地说，一个设计通常要描绘多张草图，经过比较、综合、反复推敲，可以优选出其中较好的方案（图6-1）。

草图的第二个阶段是对设计细节的进一步研究。此时尽可能地描绘出各部分的结构分解图，一些接合点的连接方式也要放大绘出。家具使用的材料及家具的各部分尺寸也要进行确定。最后是色彩的调节，可以使用色笔作多种色彩的配置组合图，从中选择出符合设计要求的一张（图6-2~图6-4）。

图6-1、图6-2 Alberto Meda（意大利）、Carlo Bartoil所绘的家具草图。草图一般由单色或彩色的工具徒手描绘，在图纸上可标注材料、色彩、结构等。草图不一定完整，但要表现出设计者的基本构思

图6-1 | 图6-2

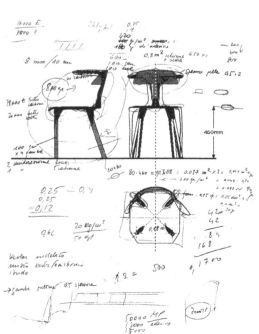

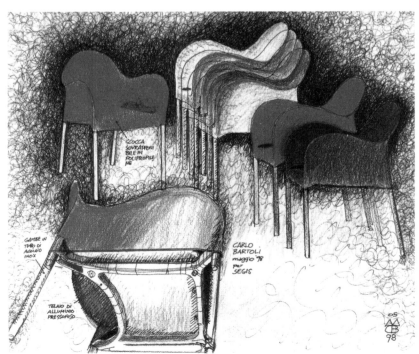

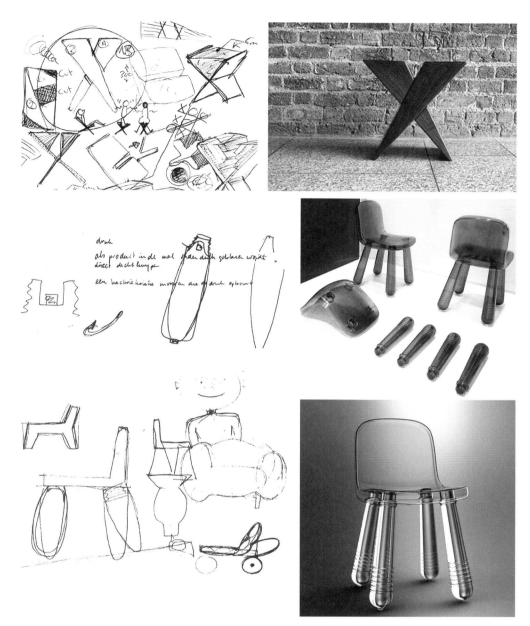

6.2.4 设计表达

设计表达阶段就是用图纸或模型表现出产品的过程。它包括三视图、效果图、模型等几种形式。

三视图和效果图指按比例（一般采用1：1或1：2的比例）绘制的家具正视、侧视和俯视图（图6-5）。它不同于草图和生产图，而是将家具的形象按照比例绘出，体现家具的形态，以便进一步分析。三视图通常是提供给使用者、方案评定者查看的，在此基础上绘制的透视效果图，可以比较准确地反映出家具的空间立体形象，模拟表现出家具的材料。效果图可以用手绘的方式表现（图6-6），也可以用电脑模拟效果图（图6-7~图6-10）。

模型制作：虽然三视图和效果图已经可以充分表达设计意图，但它们都是在平面上表现的，也都是按一定的视点和方向绘制的，所以并不全面。因而在设计过程中，还可以利用简单材料和加工手段，按一定比例（一般采用1：2或1：5）制造出模型，以便推敲造型比例，确定结构方式和材料的选择与搭配，这是一种有效的辅助手段（图6-14、图6-15）。

图6-5 家具三视图

图6-6 Paolo Ulian（意大利）描绘的手绘效果图

图6-7 3D软件制作的家具结构效果图

图6-8～图6-10 电脑模拟的效果图在光感和质感方面更
具真实感，而且可以方便地更换材质与色彩

图6-5	图6-6	
	图6-7	
图6-8	图6-9	图6-10

制作模型的材料一般有厚质纸、吹塑纸、纸板、金属丝、软木、泡沫塑料、
薄木片、木纹纸等。制作模型的工具是一些常用的剪刀、夹子、钳子、刀、
尺、胶水等。制作完成后的模型可以配合适当的环境拍摄成照片，这样显得更
为真实。通过制作模型可以直观反映出设计是否合理恰当，以便进一步改进。

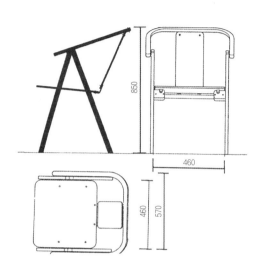

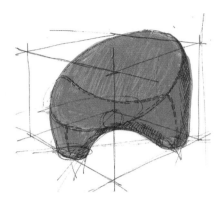

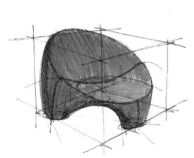

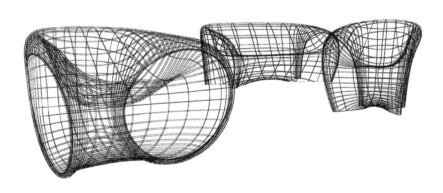

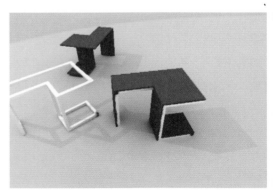

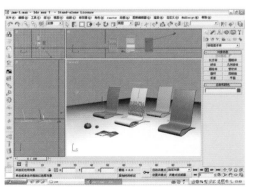

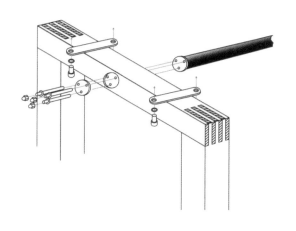

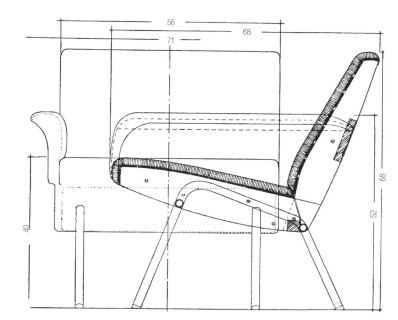

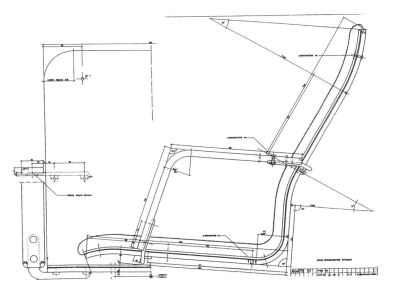

图6-11 局部详解图

图6-12、图6-13 库卡波罗为最终
的设计方案所绘制的家具制图，他经
常以1:1的比例将图形绘在透明纸上

图6-11	图6-12
	图6-13

6.2.5　完成方案设计

　　由开始构思直到完成方案模型，经过反复的研究与修正才能获得完善的设计方案。设计者
对于设计要求的理解、选用的材料、结构方式及在此基础上形成的造型形式、设计者的设计观
点等，最后都要通过设计方案的确定而全面地得到反映。设计方案应包括以下几个内容：

　　1. 以家具制图方式表现出来的三视图（图6-12）、剖视图、局部详图（图6-11）、效果图
（图6-8）；

　　2. 设计的文字说明；

　　3. 模型及模型照片。

　　完成后的设计方案可以向委托者征求对设计的意见。

6.2.6　制作实物模型

　　实物模型是在家具设计方案确定后，制作的1:1实物。在方案确定之后，许多问题已经基本

解决，但离实物和成批量生产还距有一定的距离。制作实物模型起到了一个很好的过渡，它可以

按照方案图纸进行，也可以重新绘制比例为1：1的足尺大样图（图6-13）。足尺大样图是以三视图的方式绘制的，三视图可以分开用三张纸绘制，也可以重叠在一起用红、蓝、黑三种颜色区别开来。

如果制作出的实物模型比较完美，则实物模型便成了样品，如果存在问题就必须重做。样品是设计的终点，它具备了批量生产的条件。

6.2.7 家具生产图的绘制

家具生产图是整个家具生产工艺过程和产品质量检验的基本依据，是按照原轻工业部颁布的家具制图的标准绘制的。绘制家具生产图的方法是：先画出家具装配图，再画出家具部件图，最后画出家具零件图。

家具装配图：将一件家具的所有零、部件之间按照一定的组合方式装配在一起的生产图样叫家具结构装配图，简称装配图。

部件图：家具部件图也就是介于装配图和零件图之间的图样，相当于家具的各部件装配图。

零件图：制造家具零件时所需的生产图样。

大样图：在家具生产中，为了适应有些复杂而不规则的曲线形零件的加工要求或有特殊造型要求的零件，通常用1：1的比例画出它的实际尺寸图样，就是家具的大样图。

这些图纸是按照产品的样品绘制的，以图纸的方式固定下来，以确保产品与样品具有一样的产品质量。

图6-14、图6-15 按照1：1的比例制作家具模型。此过程中可以先使用石膏、油泥等便于加工的材料制作等大的实物模型，以听取委托者的意见，实现进一步修改

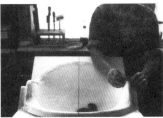

第7章

室内陈设艺术设计

本章简介： 讲述室内陈设设计的基本知识，包括室内陈设设计的概念、风格分类以及陈
设在室内设计中的地位与作用、相关的设计原则等。使学生了解与家具设计
相关的室内陈设设计的一些常见类型，对陈设设计与室内设计的关系有一定
的理解，并具备一定的实际应用能力，为今后的室内设计学习打好基础。

教学目标： 1. 学生能了解室内陈设的概念及风格；
2. 学生能了解室内陈设设计的目的与任务；
3. 学生能了解并掌握室内陈设的分类与设计原则。

7.1 室内陈设艺术设计的概念

室内陈设艺术又称装饰派艺术，起源于欧洲。20世纪初欧洲一些中产阶层的家庭主妇自发
成立协会，探讨家居空间的陈设与装饰，从而开辟了室内陈设设计的先河。在中国，最早的
"陈设"一词出现在东汉应劭的《风俗通•声音•琴》一文中，可以理解为"摆设""陈列"之
意。之后各朝各代的文献中也有"陈设"一词的出现。

《辞海》中，"陈设"的释义为"放置、陈列，也指陈列摆放的物品"。因此，我们可以把
陈设设计理解为对陈设品的设计以及对这些物品在室内中的陈列、摆放及布置的设计。

作为室内环境设计的重要组成部分，陈设艺术设计是一门新兴的学科。近些年来随着室内
设计的逐渐成熟而被人们所重视，但从系统性与理论研究上来看，我国的室内陈设设计还处于
摸索和起步阶段。

室内陈设艺术设计与室内环境艺术设计有许多共同点，都要解决室内空间形象设计，只是
其侧重点和研究的深度不同。陈设设计是根据室内环境的特征、功能需求、审美要求、使用对
象、工艺特点等要素在室内环境设计的主体创意下，实现装修中的装饰构想，包括陈设品设
计、色彩设计，以及家具、织物、绿化、照明等方面的设计与挑选。它是对室内空间设计做进
一步深入细致的具体研究，体现一定的文化内涵与装饰风格，从而满足人们物质需求和精神
需求。

7.2 陈设设计的内容、目的与作用

7.2.1 陈设设计的内容

陈设设计指在室内空间中，根据功能属性、环境特征、审美情趣、文化内涵等因素，将可以移动的物品按照形式美的规律进行设计摆放，以提升室内空间的审美价值，达到营造富有室内场所精神的目的。其内容包含两个方面，一是陈设品的设计与选择，二是陈设品的布置。两者需要考虑的内容如下所示。

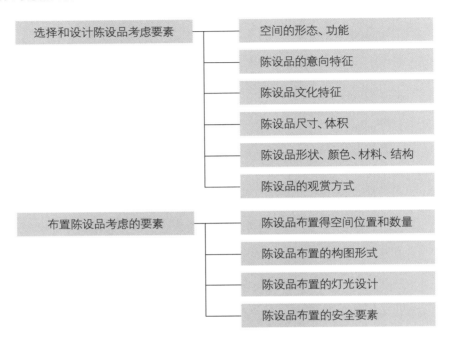

选择和设计陈设品考虑要素
- 空间的形态、功能
- 陈设品的意向特征
- 陈设品文化特征
- 陈设品尺寸、体积
- 陈设品形状、颜色、材料、结构
- 陈设品的观赏方式

布置陈设品考虑的要素
- 陈设品布置得空间位置和数量
- 陈设品布置的构图形式
- 陈设品布置的灯光设计
- 陈设品布置的安全要素

7.2.2 陈设设计的目的与作用

陈设品的展示，必须和室内其他物件相互谐调配合，不能孤立存在。它对于改善和优化室内环境起着非常重要的作用。具体体现在以下几个方面。

1. 创造温馨和谐的室内环境

现代建筑常以幕墙、金属板材作为材料，它们所表现出的生硬、冰冷的质感使人们对空间产生了疏离感，使长期生活在其中的人们感到枯燥、厌倦。丰富多彩的室内陈设可以有效地改善和柔化人们对空间感觉，冲淡工业文明带来的冷酷感，能给人们以情感的抚慰。

2. 突出室内空间风格

室内空间有各种不同的风格，陈设品的合理选择与摆放，对于室内空间风格的形成具有十分重要的作用。其造型、色彩、质感等能够突出和强调室内空间的风格。

3. 调节室内环境的色调

陈设品占据了室内较大的空间，是室内环境色调构成的重要因素。由于多数陈设品色彩艳丽，极易成为室内环境色调中的亮点（图7-1）。

4. 体现室内环境的地域特色

许多陈设品的内容、形式、风格都体现了地域文化的特征。因此，当室内设计需要表现特定的地方特色时，就可以通过陈设设计来体现特定地域文化的特色。

5. 反映个体的审美取向

陈设设计反映了设计者或业主的审美取向，特别是对陈设品的选择更是明显地表现出选择

者的个性、爱好、文化修养，甚至是年龄大小和职业特点等。

7.3 室内陈设艺术设计的风格

7.3.1 欧式古典风格

欧式古典风格在室内装饰中一直占有重要地位。其设计元素主要有古典风格的花式纹路、豪华的花卉古典图案、繁复的波斯纹样、格调高雅的烛台、油画及水晶灯等，再配以相同格调的壁纸、帘幔、地毯、家具外罩等装饰织物，给室内增添端庄典雅、充满艺术感的贵族气氛。欧洲古典样式和风格流派，主要包括古罗马式、哥特式、文艺复兴式、巴洛克式、洛可可式及美国殖民地时期风格样式等，装饰造型严谨，将天花、墙面与绘画、雕塑、镜子等相结合，室内装饰织物的配置也十分讲究，注重艺术品的陈设，室内灯光主要采用烛形水晶玻璃组合吊灯及壁灯、壁饰等。

7.3.2 中式传统风格

中式传统建筑样式崇尚庄重和清雅，表现在室内陈设艺术上的特点是总体布局对称均衡、端正稳健。中式风格主要分为中国传统古典风格和新中式风格（图7-2）。

前者在装饰细节上精雕细琢、富于变化，充分体现出中国传统美学精神。陈设方面多采用中国传统木构架的室内藻井天棚、屏风等，加上传统家具、字画、盆景、瓷器、古玩等元素，采用对称的空间构图方式，色彩浓重而简练，营造出端庄丰美、清丽雅致的气氛。新中式风格时从前者基础上发展而来的，通过对传统文化的认识，将现代元素和传统元素相结合，以现代人的审美需求来打造富有传统韵味的空间（图7-3）。

7.3.3 和式风格

和式风格即日本传统式样，日本的传统建筑为木结构的高基架，室内空间造型简洁朴实，室内气氛淡雅、简朴、舒适。简洁、淡雅是其特征，适合面积较小的房间。设计元素主要有纸糊的日式移门、草席地毯、榻榻米平台、日式矮桌、布艺或皮艺的轻质坐垫等。日式风格中没有多余的装饰物，所以整个室内显得干净简洁。

日式风格多采用借景的手法，借用室外自然景色，为室内带来无限生机。

7.3.4 伊斯兰传统样式风格

伊斯兰建筑主要的装饰手法多采用各式各样的尖券、穹顶和大面积的图案。券和穹顶的多种花式有双圆心尖券，马蹄形券、火焰式券及花瓣形券等。室内多用华丽的壁毯和地毯等大面积图案做装饰。其内多缀以《古兰经》中的经文，装饰图案以其形、色的纤丽为特征，以蔷薇、风信子、郁金香、菖蒲等植物为题材，具有艳丽、舒展、悠闲的效果。图案多以花卉为主，曲线匀整。伊斯兰室内风格的装饰中大量使用几何形花纹，成为后世几何花纹高度发展的先驱。在伊斯兰纳斯希体文字之间插入植物花纹，使花纹与文字融为一体，成为效果良好的装饰图案，也被非常广泛地运用在伊斯兰风格的室内装饰之中。伊斯兰风格注重东、西方风格的合璧，室内色彩华丽精美，十分跳跃。此外，还常用石膏浮雕作装饰（图7-4）。

7.3.5 现代风格

现代风格注重实用功能，以"少就是多"为陈设原则，以简洁明快为主要特征。装饰色彩和造型追随流行时尚，室内色彩一般不超过三种颜色，且以块状为主。多采用现代感很强的组合家具，颜色选用黑色、白色或流行色；地毯、窗帘和床罩的色彩较素雅，纹样多采用简单抽象的图案；饰品造型简洁；灯光以暖色调为主（图7-5）。

7.3.6 新古典主义风格

新古典主义风格是致力于在设计中运用传统美学法则，使现代材料与结构的建筑造型和室内造型产生出规整、端庄、典雅、有高贵感的氛围，反映了进入后工业化时代的现代人的怀旧情绪和传统情绪，提出了"不能不知道历史"的口号，号召设计师们要"到历史中去寻找灵感！"。新古典主义派的做法是通过现代结构、材料（适当简化）以及陈设艺术手法来进行设计，使古典传统样式的室内具有明显的时代特征。

图7-3 中国传统的室内陈设风格多采用对称式布局，用花格、屏风、灯饰来装饰环境

图7-4 伊斯兰风格的室内陈设，装饰手法多采用各式各样的尖券、穹顶和大面积的图案

图7-5 简洁明了的现代风格

图7-3 ┃ 图7-4 ┃ 图7-5

7.3.7　田园风格

田园风格也叫自然风格，包含现代田园风格、美式风格、法式风格和英式风格。自然风格强调尊重民间的传统习惯和风土人情，保持民间特色，注重运用地方建筑材料或利用当地的传说故事等作为装饰的主题。多将木材、砖石、草藤、棉布等天然材料运用于室内设计中。在室内环境中力求表现悠闲、舒畅的田园生活情趣，创造自然、质朴、高雅的空间气氛。如使用原木结构保持其自然本色的橱柜和餐桌，滕柳编织成的沙发椅，草编的地毯，蓝印花布的窗帘和窗罩，白墙上悬挂风筝、挂盘、挂瓶、红辣椒、玉米棒等极具乡土气息的天然陈设品。

7.3.8　混合派风格

在多元文化的今天，室内设计也呈现多元化趋势，室内设计遵循现代实用功能要求，在装修装饰方面融汇古今、中西于一体。只要觉得合适、得体的陈设艺术品皆可拿来结合使用或作点缀之用。设计手法不拘一格，但设计师应注重深入推敲造型、色彩材质、肌理等方面的总体构图效果和视觉效果。

7.4　陈设品的概念与分类

陈设品指具有观赏价值、文化意义或具有美化、强化室内视觉效果的物品。进而言之，室内空间中，当一件物品具有观赏价值、可移动、可陈列、可改善室内视觉效果和精神效果的物品都可以作为室内陈设品。陈设品的类型十分丰富，我们按陈设品的性质把室内陈设分为两大类：实用性陈设品及装饰性陈设品。

7.4.1　实用性陈设品

一般我们把具有使用功能的陈设品都归为实用性陈设，大致可分为以下几类。

1.　室内家具

家具主要表达空间的属性、尺度和风格，是室内陈设品中最重要的组成部分。随着科技的迅速发展，各种新材料、新技术为现代家具提供了物质基础，家具设计也形成多元化的格局，展现在人们面前的是各具个性、特色与风格的新形式。

2.　织物用品

织物是室内陈设品的重要组成部分，因其独特的质感、色彩及设计营造出室内空间自然、亲切和轻松的氛围。它包括地毯、壁毯、墙布、顶棚织物，帷幔窗帘，蒙面织物，坐垫靠垫，床上用品，餐厨织物、卫生盥洗织物等，既有实用性，又有很强的装饰性。

3.　电器用品

近年来，电器用品成为人们视觉概念中的重要陈设物品。它不仅具有很强的实用性，其外观造型、色彩质地设计也都很精美，具有很好的陈设效果。电器用品包括电视机、电冰箱、洗衣机、空调、音响设备、计算机及厨卫电器等。

电器用品在与其他家具陈设结合时一定要考虑其尺度关系，造型、风格更要谐调一致。电器用品的选配与摆放要注意艺术性，有时结合一些小摆设陈列，会使室内显得更加生动有趣。

4.　灯具

灯具在室内环境中起着提供光源和调节照明的作用。灯具不仅是实用物，同时也是装饰品，有的甚至成为室内空间中的视觉中心。灯具不仅可以提供室内照明，也是美化室内环境不可或缺的陈设品。灯具用光的不同，可以制造出各种不同的气氛情调，而灯具本身的造型变化更会给室内环境增色不少。在进行室内陈设设计时，必须把灯具当作整体的一部分来设计。其形、质、光、色都要求与环境谐调一致，对重点装饰的地方，更要通过灯光来烘托、凸显其形象。

5. 书籍

陈列在书架上的书籍，既有实用价值，又可显示主人的高雅情趣。尤其是在图书馆、写字楼、办公室等一些文化类建筑空间中，书刊杂志是作为主要陈设品出现的。书架的设计需符合人体工学的原理，配备不同高度的框格，以满足不同尺寸的书籍的摆放，并能按书籍的尺寸随意调整。书籍一般按类型、系列或学科来分组。还可将一些工艺品如古玩、植物及收藏品与书籍穿插陈列，以增强室内的文化品位。

6. 器皿

生活器皿的制作材料很多，有玻璃、陶瓷、金属、塑料、木材、竹子等，其独特的质地，能显示出不同的装饰效果。许多生活器皿，如餐具、茶具、酒具、炊具、花瓶等，都属于实用性陈设。这些生活器皿通常可以陈列在书桌、台子、茶几及开敞式柜架上。它们的造型、色彩和质地具有很强的装饰性，可成套陈列，也可单件陈列，使室内具有浓郁的生活气息。

7.4.2 装饰性陈设品

装饰性陈设品是指本身没有实用性，纯粹作为观赏的陈设品。包括装饰品、纪念品、收藏品、观赏动物、盆景花卉等。

1. 装饰品

雕塑、绘画、书法、摄影、陶瓷、漆器或民间扎染、剪纸等都具有很高的观赏价值，能够丰富视觉效果，装饰美化室内环境，营造室内环境的文化氛围。

2. 纪念品

纪念品是具有纪念意义的装饰品，如奖杯、获奖证书、奖章、婚嫁生日赠送的纪念物及外出旅游带回的纪念品等。它们既有纪念意义，又能起到装饰作用。

3. 收藏品

收藏品能反映一个人的兴趣、爱好和修养。因个人爱好而珍藏、收集的物品都属于收藏品，如古玩、古钱币、民间器物、邮票、参观旅游门票、花鸟标本、火柴盒等。收藏品往往成为寄托主人思想的最佳陈设，一般在室内都用博古架或壁龛集中陈列。

4. 绿色花卉

绿化装饰是室内陈设设计的重要内容。绿色植物会给人们带来更多自然界的生机。植物以多姿的形态和色彩，起到很好的装饰效果，为室内环境增添了不少情趣。绿色陈设从种类上分主要有：盆栽、盆景、插花等；从观赏角度分为：观叶、观花、观果等。近年来许多公共建筑、家庭住宅都把盆景花卉作为室内环境不可缺少的陈列装饰，甚至有些公共建筑室内还大面积地种植草坪和树木，营造一种与自然融合感。

5. 室内装置

装置一词源于机器专业，后应用于室外雕塑。近年来，许多国内外诸多室内空间中也运用艺术装置表达设计意向，其设计理念和方法与陈设设计相同，因此凡是在室内空间中的装置都应属于艺术陈设的范畴（图7-6、图7-7）。

图7-6、7-7 室内装置也是一种陈
设艺术设计，可以丰富空间视觉效果

图 7-6 | 图 7-7

7.5　室内陈设品的选择与陈设原则

　　陈设品的选择首先要考虑资金问题。投资大、档次高的室内空间中，可多选择价格相对昂贵的陈设品，如果资金有限，可多选择仿制品。在资金匮乏的情况下，也可精心选择一些废弃物品、生活用品甚至大自然的草木、石块等，按形式美的法则，经过设计、加工制作，使其成为特定空间中的独特的陈设品。其次，陈设品的风格应以室内原有设计风格为主要依据。要了解陈设品在空间中的作用以及要表达的效果。陈设品风格的选择余地较大，甚至可以用陈设品的风格来确定室内空间的风格。不同风格的陈设品在形态上（造型、尺度、色彩、材质等）应该能取得谐调，以保证视觉上第一印象的和谐。设计时应尽可能将不同风格的陈设品有序地组织起来。

　　陈设品的陈设原则如下。

7.5.1　满足使用功能、视觉及精神需求

　　室内陈设设计是以美化室内空间环境为宗旨，在充分考虑使用功能要求的同时，使室内环境合理化、舒适化、健康化、人性化；考虑人们的活动规律，处理好空间关系，空间比例，合理配置陈设，使陈设的风格与整体环境相谐调。室内陈设设计除了考虑使用功能要求外，还必须考虑精神需求。

7.5.2　符合空间的色彩要求

　　陈设品的色彩对调节室内空间色彩具有关键的作用。在选择色彩时应注意空间尺度，如果室内空间比较小，对于大体量的陈设品（如家具等）的色彩应与室内界面的色彩相谐调。具体方法可以是色相基本一致，明度适当对比；可以是色相略有区别，明度保持一致；也可以是色

相、明度都一致。如室内空间较大且色调单一，则可选择与室内界面色彩形成对比的色彩。如室内空间中的色彩杂乱无章，选择的大体量配饰的色彩应向原空间中面积最大或较大的色彩靠拢，以构成色调。如室内空间的色调灰暗，大体量的陈设品应选择高明度的色彩，而小体量的陈设品则应选择高纯度的色彩。

7.5.3　符合陈设品的材质要求

陈设品的质地是室内陈设设计中要考虑的重要元素。肌理能带给人丰富的视觉感受，如细腻、粗糙、疏松、坚实、圆润、舒展、紧密等。肌理与肌理之间可产生对比或是统一的效果，从而形成更加丰富的视觉效果。陈设品的肌理效果一般都适合在近距离和静态中观赏。如要保证远距离的观赏效果，陈设品则应选择大纹理的、色彩对比较强的肌理。

7.5.4　满足对光与色的要求

布置灯具首先要满足房间的照明要求。各种不同的灯具可产生不同的光照强度和光源颜色，光照的强弱应适合房间照明的需要。此外，还要了解光色的特性和它对环境气氛的影响，以便在设计中根据室内的不同功能做相应的选择。灯光光源的颜色给人的冷暖感觉是不一样的。了解了光色的特性，可以在不同特性的空间布置不同的光源，以营造不同的气氛。

7.5.5　体现形式美的法则

陈设品在现代室内空间所处的位置要符合整体空间的构图关系，即遵循一定的法则，如统一与变化、均衡与对称、节奏与韵律等，要使陈设品既摆放有序，又富有变化。其放置应主次分明，重点突出。精彩的陈设，应重点陈设，必要时还需打上灯光，使其成为空间的视觉中心。

7.5.6　符合地域特点与民族风格

由于人们所处的地区和地理气候条件的差异，各民族生活习惯与文化传统的不一致，在建筑风格上存在着很大的差别。设计时要有各自不同的风格和特点，这样才能体现民族和地区特点。

7.5.7　满足环保性的原则

当今社会，人们意识到爱护我们的地球就是爱护我们的生命，因此人们把绿色设计放在首位。当我们进行陈设设计时，要树立环保意识。在满足采光、通风、除臭、防油等前提条件下，在材料的选择上应首选环保材料，还要考虑好今后的废弃处理。

课题设计：陈设品设计

[设计内容]

室内陈设品主要承担着突出空间风格、调节环境氛围的作用，所以展示出特定的语境和空间氛围是非常重要的。这个课题要求根据一首诗歌或者歌词所描述的意境，设计并制作一件室内陈设品，它或可满足使用功能或可满足装饰的功能。

以5人为一个设计小组共同设计制作。本课题除设计外还需制作实物模型。

[命题要点]

1. 该课题设计要点在于：要求有一定的文学语境。学生必须理解并把握所选定的文字的内涵，并用合适的形式表现出来。

2. 使用地点的广泛性：室内空间即可，可以是公共室内空间如图书馆、商场、博物馆等，也可以是相对私密的空间如住家使用、办公室使用。

3. 既可以具有一定的实用功能，如照明、隔断、坐卧，也可以是纯欣赏性的作品。

4. 使用方式的广泛性：台式的、悬挂式的、移动式的、落地的。

[注意点]

1. 该课题主要考查学生对陈设品的材料和结构的开发和掌握，所以从实际的角度考虑材料及加工方法。鼓励绿色材料、日常材料的再开发和高科技材料的使用。

2. 设计物品的形式具有优美的造型，并在形态、色彩、光影方面能很好地诠释某种情境感。

3. 小组设计，相互间注重工作的协作性。

4. 作品有一定的尺度，要求不小于2m²。

[时间安排]

共5周时间

第1周：资料收集、构思草图（每组不少于20个）徒手草图。

第2周：方案讨论、草图的制作。

第3周：方案调整及购买最终搭建材料。

第4周：搭建等比例的陈列装置。

第5周：产品摄影（推荐海报的制作）和后期文本的制作。

学生作业示例

示例一：光影蔓生

设计简评：根据博尔赫斯的诗歌《拂晓》而来，主要围绕诗歌中"光线如一支藤蔓，即将缠住阴影的墙壁之时，降服了我的理智"展开陈设品的设计，最终以灯具的形式呈现出来。作品的结构单体是正五边形，利用这个几何形态的边缘延展性，利用缝隙中的光线突出了"蔓延生长"。

示例二：山水有境

设计简评：装置的主题来自于唐代诗人刘长卿的诗词《湘中记行十首·秋云岭》。其"山色无定姿，如烟复如黛"一句描述了一钟山川起伏、水光流转、烟波缥缈的意境。

设计从此诗出发，寻找合适的材料和结构来表达这种素净、空灵山水相融的感受。

该作品为纯装饰性的陈设，用软玻璃为材料，利用材料的柔韧性和透光性很好地展现出了中国古典山水的韵味。该作品可以放置在入口处，作为烘托室内气氛的装饰性装置。

拂晓
博尔赫斯（阿）

衷情于这安逸的黑暗
又惧怕黎明的威吓
我又一次感到了那出自叔本华
与贝克莱的惊人猜测，
它宣称世界是一个心灵的活动，
灵魂的大梦一场，
没有根据没有目的也没有容量。
而既然思想
并非大理石般永恒

而像森林或河流一样常新，
于是前面的那段推测
在黎明采取了另一个形式，
这个时辰的迷信
在光线如一支藤蔓
即将缠住阴影的墙壁之时，
降服了我的理智

图7-8 诗歌的概念

形体抽象（几何形研究）

我们试图采用多边形折叠来抽象藤蔓的形态。在研究了多边形连接的拓扑关系（边对边，点对点以及边对点的连接方式）后，我们采取了平面投形为五边形的立体单元体。

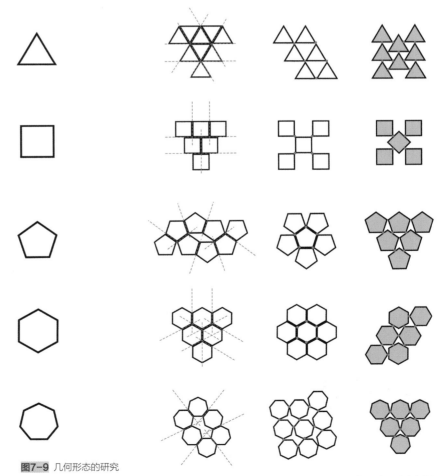

图7-9 几何形态的研究

初期成果

单元体五边形边长采用倍数关系，利用五边形的几何特性使得单元体得以搭建延伸。
单元体的堆叠方式；五边形边对边连接、五边形面对面式连接、五边形背对面式连接。

边的连接

面的连接

图7-10 草模及材料单元的研究

背部构造

图7-11 材料透光性的对比

图7-12 最终成果

山水有境

图7-13 主题概念的生成

此次装置的造型与立意均源于山水画的基本精神，遵循画中三远"高远""深远""平远"的表现手法，引入现代抽象艺术结构营造而成。在造型上以大小各异的弯曲、缓急不同的流线纵横排列，构成山水之画面，力求表达出诗意般的意境。"图写景物，曲折能尽其妙趣"（元·倪瓒）。以单一纯净的材料寻求变化中的简单，人们睇视愈久，愈觉无物胜有物。

1 研究造型关系的各种草图

图7-14 草图的研究

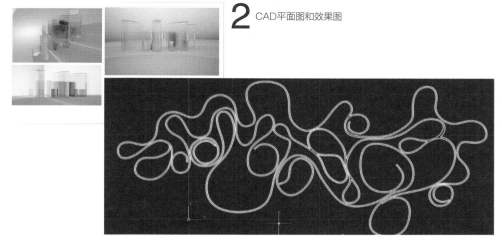

2 CAD平面图和效果图

图7-15 效果图

3 搭建过程

小组讨论

图7-16 制作过程

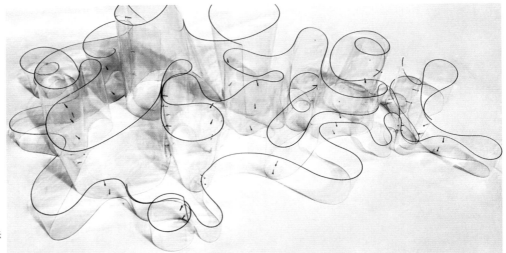

4 成果展示

图7-17 最后成果1

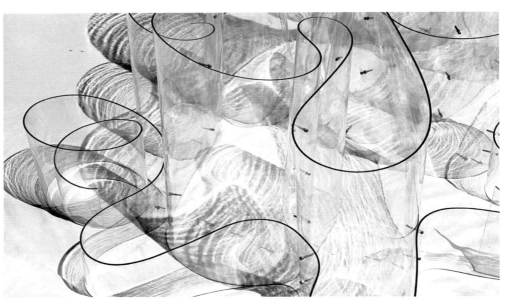

图7-18 最后成果2

整体俯瞰图

俯视看去

犹如山麓起伏

参考文献

[1] 雷达. 家具设计[M]. 杭州：中国美术学院出版社，2000.

[2] 许柏鸣. 家具设计[M]. 北京：中国轻工业出版社，2000.

[3] 于伸. 木样年华——中国古代家具[M]. 天津：百花文艺出版社，2006.

[4] 王世襄. 明代家具珍赏[M]. 北京：文物出版社，2003.

[5] 朱淳. 工艺与工业设计[M]. 上海：上海书画出版社，2000.

[6] 李砚祖. 造物之美：产品设计的艺术与文化[M]. 北京：中国人民大学出版社，2000.

[7] 方海. 20世纪西方家具设计流变[M]. 北京：中国建筑工业出版社，2001.

[8] （美）梅尔·拜厄斯，姜育青，译. 50款桌子设计与材料的革新[M]. 北京：中国轻工业出版社，2000.

[9] （美）梅尔·拜厄斯，劳红娟，译. 50款椅子设计与材料的革新[M]. 北京：中国轻工业出版社，2000.

[10] （德）齐默尔，赵阳，译. 世界室内产品设计作品精选[M]. 杭州：中国美术学院出版社，2000.

[11] 周浩明，方海. 现代家具设计大师约里奥·库卡波罗[M]. 南京：东南大学出版社，2002.

[12] 殷紫. 北欧新锐设计[M]. 1版. 重庆：重庆出版社，2005.

[13] （英）卡梅尔·亚瑟，颜芳，译. 包豪斯[M]. 北京：中国轻工业出版社，2002.

[14] （日）清水文夫，龙溪，译. 世界前卫家具[M]. 沈阳：辽宁科学技术出版社，2006.

[15] 刘盛璜. 人体工程学与室内设计[M]. 北京：中国建筑工业出版社，1997.

[16] 方海. 北欧浪漫主义设计大师——艾洛·阿尼奥[J]. 室内设计与装修，2003（3）：48.

[17] 运动的椅子与"墙上的家". 产品设计[J]. 2002（1）：66-67.

[18] 产品设计[J]，2003（3）：95、96.

[19] 产品设计[J]，2003（5）：53.

[20] 屋里的草原西班牙设计师Emili Padros[J]. 产品设计，2004（3）：27、30.

[21] 王凯，编译. 隆·阿拉德：坐的艺术[J]. 产品设计，2004（3）：75.

[22] 产品设计，2004（4）：66、103.

[23] 比利时. 设计从这里走向商业[J]. 产品设计，2004（5）：100-101.

[24] 丁玉红. 非主流的声音椅子设计的素材解放[J]. 产品设计，2005（3）：77、78.

[25] 产品设计，2005（4）：39、48.

[26] Karim Rashid. 头脑、身体、灵魂我未来的家[J]. 产品设计，2005（5）：32-37.

[27] 许继峰，编译. 汤姆 迪克森：说说我与Habitat的合作[J]. 产品设计，2005（5）：55.

[28] 朱林，编译. 默里森：恬静式的幽默设计[J]. 产品设计，2005（5）：66-67.

[29] 陆舟. 走近Mr.Love. 产品设计[J]，第26期：122-123.

[30] 江湘芸. 隐藏延伸与组合[J]. 产品设计，第25期：75.

[31] 麦克尔·韦伯. YS，"运动"永不停息的专卖店[J]. 产品设计，2007（5）：126-133.

[32] 潘吾华. 室内陈设艺术设计[M]. 2版. 北京：中国建筑工业出版社，2006：2.

[33] 台湾商业空间设计[M]. 1版. 上海：上海世纪出版集团、上海辞书出版社，2005，4.

[34] 深圳市创扬文化传播有限公司编. 2009餐饮空间设计经典[M]. 福州：福建科学技术出版社，2009.

[35] （台湾）中华室内设计协会. 1版. 台湾室内设计大奖作品[M]. 福州：福建科学技术出版社，2009.